全国青少年软件编程等级考试

U0383135

中国电子学会全国青少年软件编程等级考试配套用书

青少年软件编程
基础与实战

图形化编程
四级

■ 赵 凯 主编　■ 李梦军 审校

人民邮电出版社
北京

图书在版编目（CIP）数据

青少年软件编程基础与实战 ：图形化编程四级 / 赵凯主编. —— 北京 ：人民邮电出版社，2021.12
（爱上编程）
ISBN 978-7-115-57157-1

Ⅰ．①青… Ⅱ．①赵… Ⅲ．①程序设计—青少年读物
Ⅳ．①TP311.1-49

中国版本图书馆CIP数据核字(2021)第165839号

内 容 提 要

图形化编程指的是一种无须编写文本代码，只需要通过鼠标拖曳相应的图形化指令模块（积木），按照一定的逻辑关系完成拼接就能实现编程的形式。

本书作为全国青少年软件编程等级考试（图形化编程四级）配套学生用书，基于图形化编程环境，遵照标准和大纲，带领读者通过一个个生动有趣的游戏、动画范例，在边玩边学中掌握考核目标对应的等级技能和知识。标准组专家按照真题命题标准设计所有范例和每课练习，有助于读者顺利掌握考试大纲中要求的各种知识。

本书适合参加全国青少年软件编程等级考试（图形化编程四级）的中小学生使用，可作为学校、校外培训机构开展图形化编程教学的参考书。

◆ 主　　编　赵　凯
审　　校　李梦军
责任编辑　周　明
责任印制　陈　犇

◆ 人民邮电出版社出版发行　　北京市丰台区成寿寺路 11 号
邮编 100164　电子邮件 315@ptpress.com.cn
网址 https://www.ptpress.com.cn
北京七彩京通数码快印有限公司印刷

◆ 开本：787×1092　1/16
印张：13.5　　　　　　　　2021 年 12 月第 1 版
字数：234 千字　　　　　　2024 年 9 月北京第 5 次印刷

定价：99.80 元

读者服务热线：(010)53913866　印装质量热线：(010)81055316
反盗版热线：(010)81055315
广告经营许可证：京东市监广登字 20170147 号

编委会

丛书主编：李梦军　程　晨　杨　晋

丛书副主编：蒋先华

丛书编委（按姓氏拼音排序）：

陈小桥　陈雪松　丁慧清　段正杰　盖　斌

黄　敏　李发利　李　熹　李晓斌　凌秋虹

仇大成　石　毅　苏莉曼　王海涛　王晓辉

王鑫鑫　文　龙　吴艳光　夏柏青　向　金

肖新国　辛　旭　余晓奇　张处笑　张　鹏

张子红　赵　凯　赵　宇　周伟明　朱　坤

本册主编：赵　凯

本册编写组（按姓氏拼音排序）：

段正杰　黄　敏　石　毅　王晓辉　王鑫鑫

文　龙　向　金

名词对照表

请注意，Scratch 兼容版或其他书中可能会采用不同的名词表示相同的概念。

级别	本书中采用的名词	Scratch 兼容版或其他书中可能会采用的名词
一级	积木	模块、指令模块、代码块
一级	代码	脚本、程序、图形化程序（在本书中，我们用"代码"来表示一组程序片段，用"程序"表示整个项目的所有角色的完整代码）
一级	选项卡	标签
一级	分类	类别
二级	确定性循环	确定次数循环
二级	选择结构	判断结构、分支结构
二级	单分支选择结构	单一分支
二级	方向键	方向控制键、上下左右控制键
二级	不确定性循环	直到型循环
二级	麦克风	话筒、声音传感器
二级	波形图	声波图
三级	变量	变数
三级	真 / 假（布尔值）	是 / 否、成立 / 不成立、1/0、True/False
三级	随机数	乱数
三级	（克隆）本体	（克隆）原体
四级	列表	链表
四级	自制积木	自定义函数、过程、子程序
四级	参数	引用参数
四级	有参积木	有参函数

前　言

　　2017 年，国务院发布《新一代人工智能发展规划》，强调实施全民智能教育项目，在中小学阶段设置人工智能相关课程，逐步推广编程教育，鼓励社会力量参与寓教于乐的编程教学软件、游戏的开发和推广。

　　2018 年，中国电子学会启动了面向青少年软件编程能力水平的社会化评价项目——全国青少年软件编程等级考试（以下简称为"编程等级考试"），它与全国青少年机器人技术等级考试、全国青少年三维创意设计等级考试、全国青少年电子信息等级考试一起构成了中国电子学会服务青少年科技创新素质教育的等级考试体系。

　　2019 年，编程等级考试试点工作启动，当年报考累计超过了 3 万人次，占中国电子学会等级考试报考总人次的 21%。2020 年共计有 13 万人次报考编程等级考试，占中国电子学会等级考试报考总人次的 60%，其报考人次在中国电子学会等级考试体系中已跃居第一位。

　　面向青少年的编程等级考试包括图形化编程（Scratch）和代码编程（Python和 C/C++）两个方向。图形化编程是一种无须编写文本代码，只需要通过鼠标拖曳相应的图形化积木，按照一定的逻辑关系完成拼接就能实现编程的形式。图形化编程是编程入门的主要手段，广泛用于基础编程知识教学及进行简单编程应用的场景，而 Scratch 是最具代表性的图形化编程工具。

　　编程等级考试图形化编程（一至四级）指定用书《Scratch 编程入门与算法进阶（第 2 版）》已于 2020 年 5 月出版。为了进一步满足广大青少年考生对于通过编程等级考试的需求和众多编程等级考试合作单位的教学需要，我们组织编程等级考试标准组专家，编写了这套编程等级考试图形化编程（一至四级）配套用书。

　　本套书基于 Scratch 3 编程环境，严格遵照考试标准和大纲编写，内容和示例紧扣考核目标及其对应的等级知识和技能。其中学生用书针对考试的 4 个等级

分为 4 册，每级 1 册。教师可根据学生的实际情况，灵活安排每一课的学习时间。为了提高学生的学习兴趣，每课设计了生动有趣的游戏、动画范例，带领学生"玩中学"。同时，为了提高考生的考试通过率，编程等级考试标准组专家参照真题的命题标准精心设计了每课的课程练习和所有范例。

　　本书为编程等级考试图形化编程四级配套学生用书，也可作为学校、校外培训机构的编程教学用书。参加本书编写的作者中，有来自高校的教授，有多年从事信息技术工作的教研员，还有编程教学经验丰富的一线教师，他们都是编程等级考试标准组专家。王珊老师参与了本书的审稿工作。本书作者 – 读者答疑交流 QQ 群群号为 809401646。由于编写时间仓促，书中难免存在疏漏与不足之处，希望广大师生提出意见与建议，以便我们进一步完善。

本书编委会

2021 年 9 月

目　录

青少年软件编程基础与实战（图形化编程四级）

第 1 课　唐诗复读机
——字符串输入输出

　　唐诗是中华文化宝库中的一颗明珠。语文课本中精选了多篇唐诗，如李白的《静夜思》：床前明月光，疑是地上霜。举头望明月，低头思故乡。相信你一定也知道很多唐诗，快来和大家分享一下吧！

　　"熟读唐诗三百首，不会作诗也会吟。"清代孙洙的这句名言充分阐释了"书读百遍，其义自见"的道理。熟读、背诵是学习古诗行之有效的方法。接下来我们利用 Scratch 完成"唐诗复读机"范例作品（见图 1），使之能够实现自动反复显示唐诗的效果。

作品预览

图 1-1　"唐诗复读机"范例作品

 1.1　课程学习

　　编写"唐诗复读机"程序，需要用到字符串的输入和输出功能。字符串是一

种数据类型，绝大多数编程语言有字符串类型，Scratch 也不例外。字符串类型非常重要，在本案例作品中，我们首先学习字符串的概念，然后认识"运算"分类积木，最后编写程序。

1.1.1 认识字符串

编写"唐诗复读机"程序，首先需要将所有诗句都以字符串的形式保存在变量中。因此，熟练掌握字符串的应用对编写"唐诗复读机"程序非常重要。

什么是字符串呢？当提到"串"字时，大家的脑海中往往会浮现出用线或者竹签串起来的物品或食物，比如一串灯笼、一串珍珠、一串冰糖葫芦等。那么字符串难道就是把字符串起来吗？是的，可以这样理解！你一定会非常好奇，Scratch 中的字符是如何被串起来的？下面我们一起来研究一下吧！

用 Scratch 制作动画或游戏时，经常会使用到字符串，例如，角色之间进行对话或输出结果时需要用到"**说你好!**"积木，这里的"你好!"就是一个字符串，它由 3 个字符组成："你""好"和"!"。

1. 字符串是由0个、1个或多个字符组成的有限序列

多个字符按照一定的顺序连接在一起就组成了字符串，每个字符在字符串中都有确定的位置。只有 1 个字符，也是字符串。如果 1 个字符都没有（有 0 个字符），也能组成空字符串。字符串的存储方式如图 1-2 所示。这是一个命名为"诗句"的字符串，它由 5 个字符组成，这 5 个字符可以看成小火车"诗句"的 5 节车厢，每节车厢里存放一个字符，它们分别是"床""前""明""月""光"。为了记录字符在字符串中的位置，需要给每个字符分配一个整数作为编号，编号分别是 1、2、3、4、5（在有些编程语言中，编号是从 0 开始的），这样就能够把字符和编号对应起来了。

图1-2　字符串"诗句"的存储方式

需要注意的是，字符串一旦定义好，每个字符的位置都是固定的。字符串的

编号（也称为字符串的下标）用来标记字符在字符串中的位置，所以编号（下标）对字符串来说非常重要。

诗句	床	前	明	月	光
编号（下标）	1	2	3	4	5

Scratch 中，字符串的编号（下标）从 1 开始，每个编号（下标）所表示的位置可以存放一个字符，我们可以根据编号（下标）访问字符串中对应的字符。

2. 字符串可以包含英文字母、数字、特殊字符、汉字及其他字符

字母如：A、B、C、D、E、F、G、H、I、J、K、L、M、N、O、P、Q、R、S、T、U、V、W、X、Y、Z；a、b、c、d、e、f、g、h、i、j、k、l、m、n、o、p、q、r、s、t、u、v、w、x、y、z。

数字如：0、1、2、3、4、5、6、7、8、9。

特殊字符如：+、-、*、/、#、!、" "、' '、>、<、=、_、@、$、&、( )、\、^、[ ]、,、.、;、?。

汉字如：唐 诗 三 百 首。

字符串可以是多种字符的组合，如"Hello 2058！""1+2=?""2x+3y=8""2020 年 10 月 1 日""第一局比分为 21 ：19""^_^""@_@""C++"等。

在图 1-3 所示的代码中，小猫说出的"床前明月光，疑是地上霜。"就是一个字符串。

图1-3 小猫说出字符串的代码及运行效果

试一试 你还可以构造出哪些字符串，试着让小猫说出你构造的字符串吧！

1.1.2 认识"运算"分类积木

要制作"唐诗复读机"范例作品，需要用"运算"分类中的积木。我们需要认识"运算"分类中的 4 个积木，如下表所示。

（1）：此积木用于将两个字符串连接起来，如"**连接 apple 和 banana**"得到的结果是"applebanana"。字符串的连接运算也可以嵌套使用，如图1-4所示的代码。请问该代码一共使用了几个"**连接 ×× 和 ××**"积木？

图1-4 "连接××和××"积木的嵌套

（2）apple 的字符数：此积木用于计算字符串的长度。例如：低头思故乡。的字符数 积木的运算结果是6。

（3）apple 的第 1 个字符：此积木用于输出字符串中某个位置上的字符。此积木包含两个参数，第一个参数用来存放字符串，第二个参数是该字符串中某个字符的编号（下标），用于指定要输出的字符。例如：低头思故乡。的第 3 个字符 积木的运算结果是"思"。

（4）apple 包含 a ?：此积木用于判断字符串之间的包含关系，运算结果有"True"和"False"两种。注意：此积木包含两个参数，第一个参数"apple"和第二个参数"a"。只有当第二个参数是第一个参数的子串时，运行的结果才为 True，否则为 False。例如：举头望明月 包含 月 ? 积木的运算结果为 True。

子串：是指字符串中任意个连续的字符组成的子序列。例如：举、举头、头望、举头望明、举头望明月、头望、头望明、头望明月、望明月、望明、明月、月都是字符串"举头望明月"的子串。那么 举头望明月 包含 举头望明月 ? 积木的运算结果是什么呢？结果是 True，也就是说字符串本身也是它自己的子串。

再来看一个例子，举头望明月 包含 望月 ? 积木的运算结果为 False。虽然字符串"举头望明月"中包含"望"也包含"月"，但是组成字符串"望月"的两个字符在原字符串中的编号（下标）不连续，所以"望月"不是"举头望明月"的子串。

请说出下列积木的运算结果。

试一试

3.14159 的字符数　　Python 的第 5 个字符　　a = A

apple 包含 ap ?　　apple 包含 pa ?　　abc < acd

1.1.3　编写"唐诗复读机"程序

"唐诗复读机"程序能够实现以下功能。

输入唐诗：依次显示"请输入诗名："　"请输入作者年代、名字："　"这首诗有几句？"　"请输入诗的第 ×× 句："（×× 表示诗句的编号），直到整首诗输入完毕，如图 1-5 所示。

图1-5　输入唐诗的运行界面

输出唐诗：按下↓键，诗人角色自动说出诗名、作者和诗；按下空格键，停止显示，如图 1-6 所示。

图1-6　显示唐诗的界面

1. 前期准备

本课范例作品需要用到"水墨画"和"诗人"两张图片，具体操作步骤如下。

（1）添加"水墨画"图片作为舞台背景，同时删除默认的空白舞台背景。

（2）添加"诗人"图片作为角色，同时删除默认的小猫角色。

2. 唐诗输入功能的实现

唐诗通常可以分为律诗、绝句和古诗3类，以字数划分有四言诗、五言诗、六言诗和七言诗。另外，绝句有4句，律诗有8句。为了使"唐诗复读机"可以显示不同类型的唐诗，需要新建变量"诗"用于存放用户依次输入的诗句，新建变量"诗名"用来存放诗的名字，新建变量"作者"用于存放作者的朝代和名字，新建变量"长度"用于存放诗的句数。

（1）选择"诗人"角色，将其移至（-90,-30）的位置。

（2）设置变量的初始值：设置变量"诗""诗名""作者"和"长度"的初始值为"空"，依次询问相关信息后，将变量"诗""诗名""作者"和"长度"的初始值设为"回答"，代码如图1-7所示。

图1-7　设置诗人角色的位置及变量初始值的代码

（3）用"**连接××和××**"积木将变量"诗"和新输入的诗句进行连接，将其作为变量"诗"的新值，重复执行这个过程，就可以将诗句都连接到变量"诗"中，代码如图1-8所示。

图1-8　连接变量"诗"和输入诗句的代码

（4）唐诗的句数已经保存在变量"长度"中，唐诗有多少句，上面的过程就重复执行多少次，新的诗句连接到变量"诗"后，n的值加1。循环输入诗句的代码如图1-9所示。

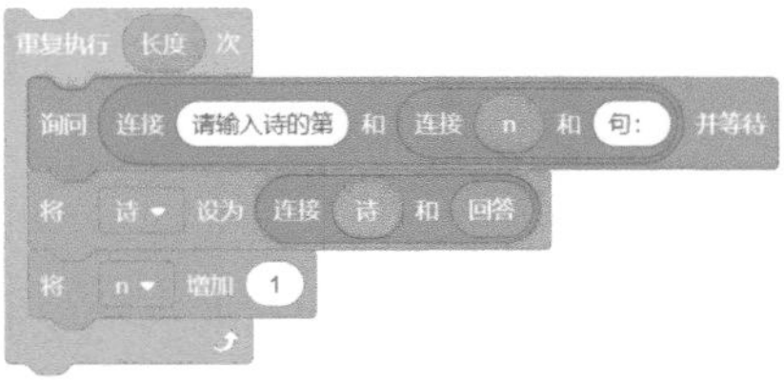

图1-9　循环输入诗句的代码

我们需要注意，在输入诗句的时候，不要忘记输入标点符号。

3．唐诗显示功能的实现

（1）继续为"诗人"角色编写代码。当按下↓键时，按照"诗名""作者"和"诗"的顺序重复显示诗句，代码如图1-10所示。

图1-10　重复显示诗句的代码

（2）当按下空格键时，停止显示诗句。这里需要用另一段代码来侦测空格键是否被按下，如果空格键被按下则停止全部脚本，如图1-11所示。

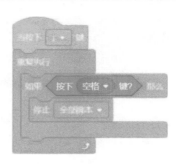

图1-11　停止显示诗句的代码

（3）"诗人"角色的完整代码如图 1-12 所示。

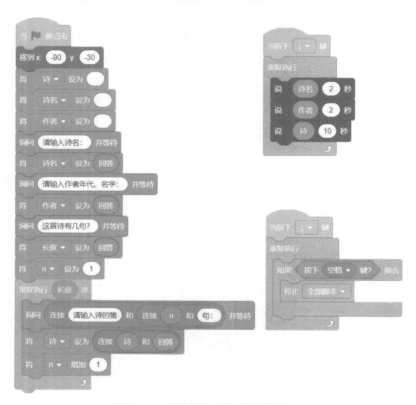

图1-12　"诗人"角色的完整代码

（4）保存程序，并将其命名为"唐诗复读机"。

想一想　输入完毕后，按下↓键，就可以重复显示保存在变量"诗"中的唐诗，按下空格键停止显示。在图 1-11 所示的代码中，能否将"当按下↓键"积木替换为"当绿旗被点击"积木，为什么？

1.1.4 字符串的输出

"唐诗复读机"程序中使用了积木,当然也可以使用积木。常用的字符串输出积木有以下 4 个。

除此之外,编写程序的过程中有时需要输出格式化的信息,例如:坐标、日期、时间、星期等,当要输入的信息由多个变量或字符串组成时,可以嵌套使用**"连接 ×× 和 ××"**积木进行格式化输出。

(1)格式化输出角色的坐标:x 坐标 125 , y 坐标 –50。

(2)格式化输出系统当前的日期:2020 年 3 月。

(3)格式化输出系统当前的时间:18 : 30 : 56。

 1.2 课程回顾

课程目标	掌握情况
1. 理解字符串的概念、字符串的组成及字符串编号(下标)的作用	☆ ☆ ☆ ☆ ☆
2. 掌握处理字符串的相关积木及其功能	☆ ☆ ☆ ☆ ☆
3. 掌握字符串输入、输出以及字符串格式化输出的使用方法	☆ ☆ ☆ ☆ ☆

1.3 练习巩固

1．单选题

（1）下列代码中，能够让小猫说出"2020"的是（　　）。

A. 说 20+20

B. 说 20 · 20

C. 说 2020 的字符数

D. 说 连接 2 和 020

（2）下列代码中，运算结果为 True 的是（　　）。

A. apple 包含 ppe ?

B. sample 的第 3 个字符 = m

C. 2x+3y=10 的字符数 = 7

D. 连接 abc 和 cba = abccba

2．判断题

（1）我爱我的家乡 包含 我家 ? 积木的运算结果是 False。（　　）

（2）字符串的编号（下标）都是从 0 开始的。（　　）

3．编程题

字符串 string 中有 26 个字符"abcdefghijklmnopqrstuvwxyz"，对这个字符串进行遍历，并拼接成新字符串 word。规则是：从 string 的第一个字符开始拼接，每隔 2 个字符拼接一次。请编程输出这个新的字符串。

（1）准备工作

保留小猫角色和默认的空白舞台背景。

（2）功能实现

小猫说 string 字符串"abcdefghijklmnopqrstuvwxyz"2 秒。

接着小猫说"现在开始拼接"2 秒。

最后小猫说出拼接后的结果 2 秒。

1.4 提高扩展

Goblin 喜欢玩首尾互换的游戏，游戏规则如下：当用户输入一句话时，Goblin 可以把用户输入的第一个字和最后一个字互换位置，然后再说出来。例如，当用户输入"你到哪里去"时，Goblin 会说"首尾互换后：去到哪里你"。请编程实现首尾互换游戏，舞台效果如图 1-13 所示。

图1-13　首尾互换游戏舞台效果

（1）准备工作

从角色库中添加"Goblin"角色，从背景库中添加"Stripes"背景。

将"Goblin"的大小设置为 120，造型设置为"goblin-a"。

（2）功能实现

运行程序，Goblin 询问"请输入你想说的话："。当用户输入文字并确认后，Goblin 说"首尾互换后：××"5 秒（×× 代表首尾互换后的字符串）。

利用"**重复执行 × × 次**"积木重复执行以上过程。

第2课 批改小帮手
——字符串处理

你知道老师是如何批改作文的吗？批改时，老师会仔细地逐字阅读，发现好词、好句会标注出来，发现使用不当的标点符号和词语也会进行修改或标注。其实，这样的批改过程就是处理字符串的过程。

我们生活在信息技术高速发展的时代，每天都有海量的数据产生。人工处理这些海量数据耗时耗力，如何正确保存和识别海量数据并从中挖掘出更有价值的信息是非常值得研究的课题。利用计算机在海量数据中查找、提取或批量添加、修改可以大大提高工作效率。本节课，我们将学习如何在 Scratch 中实现自动查找、批量处理数据的功能。

 2.1 课程学习

标点符号是辅助文字记录语言的符号，用来表示停顿、语气以及词语的性质和作用。中国古代的文书一般不加标点符号。有这样一个故事，从前一位私塾的教书先生收学费的标准是"无米面亦可无鸡鸭亦可无鱼肉亦可无银钱亦可"。穷人的孩子来读书，先生这样读："无米面亦可，无鸡鸭亦可，无鱼肉亦可，无银钱亦可。"富人的孩子来读书，先生这样读："无米，面亦可；无鸡，鸭亦可；无鱼，肉亦可；无银，钱亦可。"

对计算机来说，文字和标点符号都可以看作字符。接下来，我们以修改这段没有标点符号的古代文书为例，通过编写"批改小帮手"程序来进一步掌握利用 Scratch 处理字符串的方法。

2.1.1 前期准备

本课范例作品的舞台背景和角色可以从背景库和角色库中选择，此外还需要绘制 4 个按钮角色，具体操作如下。

（1）从背景库中添加名为"Spaceship"的图片作为舞台背景，并删除默认的空白舞台背景。

（2）从角色库中添加"Retro Robot"角色，并删除默认的小猫角色。

（3）绘制 4 个按钮角色，分别命名为"统计""插入""替换"和"删除"，角色的形状和颜色可以自己设定。范例作品如图 2-1 所示。

作品预览

图2-1 "批改小帮手"范例作品

2.1.2 程序分析

"批改小帮手"范例作品程序共有 5 个角色：Retro Robot、"统计"按钮、"插入"按钮、"替换"按钮和"删除"按钮。

Retro Robot 角色的功能：显示提示文字或处理后的文字。当程序运行时，Retro Robot 将提示文字显示出来，例如"主人，您好！""请输入您要处理的文本："。用户输入文本后，Retro Robot 显示输入的文本，然后在舞台上显示 4 个按钮，用户单击按钮即可实现相应的功能。

单击"统计"按钮，可以统计字符串中某个字符的数量；单击"插入"按钮，可以将一个新字符插入字符串中；单击"替换"按钮，可以用一个字符替换字符串中已有的某个字符；单击"删除"按钮，可以删除字符串中的某个字符。

统计、插入、替换和删除字符串中的某个字符时，需要对该字符串进行遍历。

所谓遍历就是从字符串的第一个字符开始依次查找，判断字符串中的每个字符是否等于待查找的字符，直到查找完所有字符为止。所以，遍历一个字符串的循环次数应该等于该字符串的长度，使用"**××的字符数**"积木可以获取该字符串的长度。

在插入新字符、删除和替换一个已有的字符之前，需要先查找到该字符在字符串中所在的位置，然后再执行相应的操作。首先需要建立一个变量，将其命名为"临时"，并将该变量的初始值设置为"空"，再根据处理规则将该字符与变量"临时"进行连接，从而生成一个经过处理的字符串。字符串处理完毕之后，Retro Robot 会显示处理过的字符串。接下来，我们一起来完成"批改小帮手"范例作品程序。

2.1.3 统计功能的实现

（1）选择"统计"按钮，将其移至舞台的适当位置，并为其编写代码。

（2）当绿旗被点击时，隐藏"统计"按钮；当接收到消息"按钮显示"时，显示"统计"按钮。

（3）在 Retro Robot 询问后，用户通过键盘输入需要统计的字符，新建变量"输入的文本"用于保存用户输入的文本。新建变量"待处理字符串"，用于保存每次处理前的数据，将其初始值设置为"空"。每次处理结束后，处理的结果都会被重新保存到变量"待处理字符串"中，以便进一步处理。

（4）每按一次"统计"按钮都要遍历一次待处理的字符串。如果变量"待处理字符串"为空，则表示此次统计之前无任何字符串处理操作，那么就将变量"待处理字符串"的值设置为"输入的文本"，代码如图 2-2 所示。

图2-2　判断变量"待处理字符串"是否为空的代码

（5）询问"请输入您要统计的字符："，并将用户的回答保存到变量"查找"中。新建变量"计数"用于保存已查找字符的个数，并将该变量的初始值设置为0。

变量"下标"用于表示字符的编号，将其初始值设置为 1，代码如图 2-3 所示。

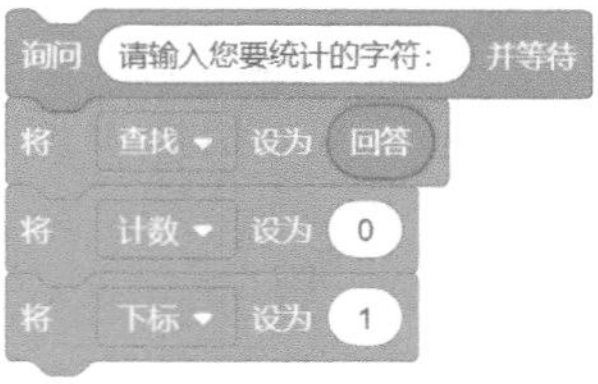

询问 请输入您要统计的字符： 并等待
将 查找 ▾ 设为 回答
将 计数 ▾ 设为 0
将 下标 ▾ 设为 1

图2-3　设置变量值的代码

例如，用户输入文本"无米面亦可无鸡鸭亦可无鱼肉亦可无银钱亦可"，统计字符"无"的个数。字符串的长度为 20，所以需要循环 20 次，从第一个字符（下标为 1）开始查找（见图 2-4），如果找到的字符等于"无"，则变量"计数"的值加 1。每查找一个字符，变量"下标"的值也加 1。循环结束时，字符串查找完毕，广播消息"统计完毕"。

无	米	面	亦	可	无	鸡	鸭	亦	可	无	鱼	肉	亦	可	无	银	钱	亦	可
1	2	3	4	5	6	7	8	9	10	11	12	13	14	15	16	17	18	19	20

图2-4　遍历字符串示意图

统计某字符个数的代码如图 2-5 所示。

重复执行 待处理字符串 的字符数 次
如果 待处理字符串 的第 下标 个字符 = 查找 那么
将 计数 ▾ 增加 1
将 下标 ▾ 增加 1
广播 统计完毕 ▾

图2-5　统计某字符个数的代码

测试：点击绿旗，根据 Retro Robot 的提示，输入文本"无米面亦可无鸡鸭亦可无鱼肉亦可无银钱亦可"，Retro Robot 依次说出"好的，我得到的文本是：""无米面亦可无鸡鸭亦可无鱼肉亦可无银钱亦可"。点击"统计"按钮，用户根据提示输入需要统计的字符"无"后，Retro Robot 显示"无的数量是 4"。

想一想 输入字符串"无米面亦可无鸡鸭亦可无鱼肉亦可无银钱亦可"，统计字符"无"的个数时，如果希望把字符串中每个字符"无"的下标都保存在某个变量中，并且下标数值之间用逗号分隔，那么该如何修改"统计"按钮的代码呢？

2.1.4 插入功能的实现

（1）选择"插入"按钮，将其移至舞台的适当位置，并为其编写代码。

（2）当绿旗被点击时，隐藏"插入"按钮；当接收到消息"按钮显示"时，显示"插入"按钮。

（3）当"插入"按钮被点击时，需要判断变量"待处理字符串"是否为空，代码如图 2-2 所示。

（4）新建变量"查找"用于保存要查找的字符，新建变量"插入"用于保存要插入的字符。

（5）询问"请输入您要查找的字符："，并将用户的回答保存到变量"查找"中。询问"请输入'××'后要插入的字符："（×× 表示查找的字符），并将用户的回答保存到变量"插入"中，如图 2-6 所示。遍历待处理的字符串，将新字符插入对应字符的后面，处理完毕后广播消息"插入完毕"，由 Retro Robot 显示处理过的文字。

图2-6　设置变量值的代码

新建变量"临时"并将其初始值设置为"空"，遍历待处理的字符串。如果遍历的字符等于变量"查找"的值，则将变量"临时"、遍历的字符和变量"插入"连接在一起（注意：变量"插入"连接在当前遍历的字符之后），实现插入功能的代码如图 2-7 所示。

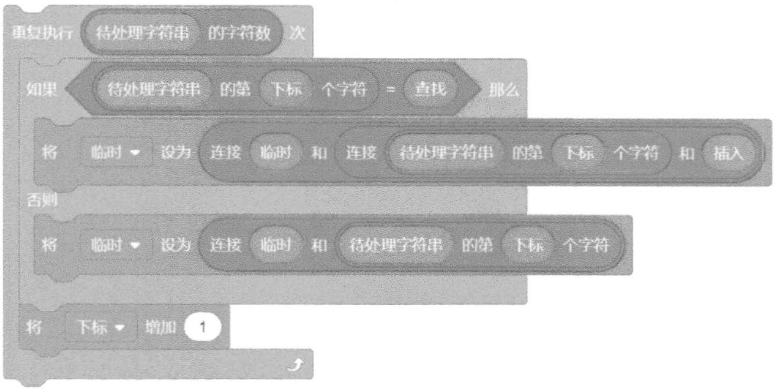

图2-7　实现插入功能的代码

字符插入完毕后，插入字符后的字符串保存在变量"临时"中。将"待处理字符串"设置为变量"临时"的值，为下一次处理做准备，并广播消息"插入完毕"。当 Retro Robot 接收到消息"插入完毕"时，说出处理过的文字。

测试：在上次测试的基础上，点击"插入"按钮，输入要查找的字符"可"和要插入的新字符"，"，Retro Robot 说出插入后的文本"无米面亦可，无鸡鸭亦可，无鱼肉亦可，无银钱亦可"。

试一试　要在查找到的字符前面插入一个字符，应该如何修改代码?

2.1.5　替换功能的实现

实现字符替换，首先要查找到被替换的字符，然后再将符合条件的字符连接到变量"临时"中。当遍历结束时，变量"临时"中存储的字符串就是替换后的结果，具体步骤如下。

（1）选择"替换"按钮，将其移至舞台的适当位置，并为其编写代码。

（2）当绿旗被点击时，隐藏"替换"按钮；当接收到消息"按钮显示"时，显示"替换"按钮。

（3）当"替换"按钮被点击时，应判断变量"待处理字符串"是否为空，代码如图 2-2 所示。

（4）分别询问要查找的字符和需要替换的字符，并将其存放到对应的变量中。设置变量"临时"的初始值为"空"，变量"下标"的初始值为 1，代码

如图 2-8 所示。

图2-8　设置变量值的代码

（5）在变量"待处理字符串"中，当查找到要替换的字符时，直接连接变量"临时"与需要替换的字符，否则连接变量"临时"与待处理的字符串，代码如图 2-9 所示。

图2-9　实现替换功能的代码

测试：在上次测试的基础上，点击"替换"按钮，根据提示输入要查找的字符"，"、要替换的字符"；"，处理完毕后，Retro Robot 说出替换后文本"无米面亦可；无鸡鸭亦可；无鱼肉亦可；无银钱亦可"。

2.1.6　删除功能的实现

从一个字符串中删除某个字符，首先需要找到待删除字符在该字符串中的位置，然后将该字符的下一个字符连接到变量"临时"中。遍历结束后，新字符串中便不包含被删除的字符，具体步骤如下。

（1）选择"删除"按钮，将其移至舞台的适当位置，并为其编写代码。

（2）当绿旗被点击时，隐藏"删除"按钮；当接收到消息"按钮显示"时，显示"删除"按钮。

（3）当"删除"按钮被点击时，应判断变量"待处理字符串"是否为空，代码如图2-2所示。

（4）询问需要删除的字符，设置变量"临时"的初始值为空，并将变量"下标"的初始值设置为1。

（5）删除字符的代码如图2-10所示。

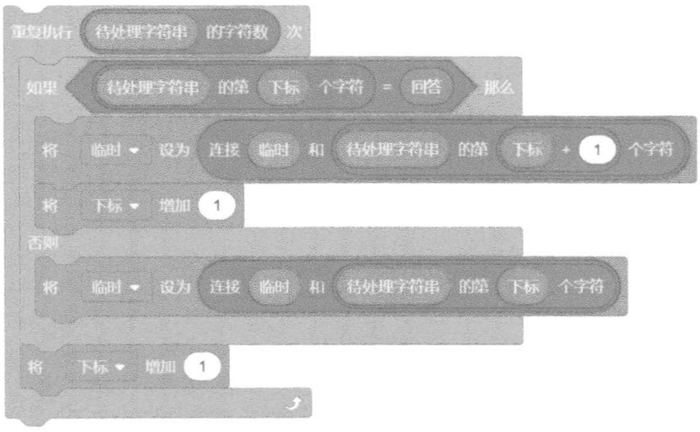

图2-10　删除字符的代码

测试：在前面测试的基础上，点击"删除"按钮，输入要删除的字符"无"。处理完毕后，Retro Robot 说出"米面亦可；鸡鸭亦可；鱼肉亦可；银钱亦可"。

> **想一想**　实现统计、插入、替换和删除功能时，都是从字符串的第一个字符开始遍历，将遍历的字符按照处理方式的不同连接到临时变量中。如果想"逆序"说出来一个字符串，那么应该如何实现？例如，输入"无米面亦可无鸡鸭亦可"，将字符串"逆序"说出来就是"可亦鸭鸡无可亦面米无"。

提示：从字符串的最后一个字符开始向前遍历。

2.1.7　Retro Robot功能的实现

Retro Robot 的主要功能是说出文本和提示信息或处理后的文本，Retro Robot 代码的编写步骤如下。

（1）选择 Retro Robot 角色，将其移至舞台的适当位置，并为其编写代码。

（2）当绿旗被点击时，将变量"待处理字符串"的值设置为"空"，显示文字"主人，您好！"，询问"请输入您要处理的文本："，并将用户的回答保存到变量"输入的文本"中，显示用户的回答和"请选择您要处理的方式。"。

（3）Retro Robot 接收到消息"统计完毕"时，说出字符串处理的结果，Retro Robot 的代码如图 2-11 所示。

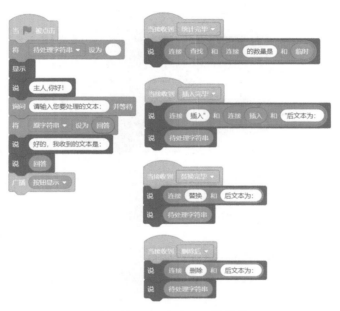

图2-11　Retro Robot的代码

试一试

我们会发现，把字符串"123454321""level""响水池中池水响"输入程序，逆序得到的字符串和原字符串完全相同！这种把词汇或句子颠倒过来，产生首尾回环效果的字符串，叫作"回文"（或回环）。判断一个字符串是否是回文，有两种思路。

思路1：先求出字符串的逆序，然后判断逆序的字符串是否和原字符串相同，相同即可判断该字符串为回文。

思路2：如果字符串的第一个字符和最后一个字符相同、第二个字符和倒数第二个字符相同，以此类推（见图2-12），如果每一对字符都相同（最后可能剩下单个字符），那么该字符串就是回文。

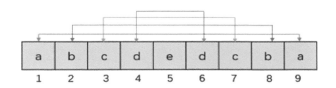

图2-12 思路2判断字符串是否是回文示意图

请你试着按以上两种思路编写判断字符串是否是回文的代码。

 2.2 课程回顾

课程目标	掌握情况
1.掌握使用字符串下标查找字符的方法	☆ ☆ ☆ ☆ ☆
2.掌握统计、插入、删除、替换字符的方法	☆ ☆ ☆ ☆ ☆
3.掌握字符串逆序遍历的方法	☆ ☆ ☆ ☆ ☆
4.掌握字符串连接运算的方法	☆ ☆ ☆ ☆ ☆

 2.3 练习巩固

1. 单选题

（1）下图所示的代码运行结束时，变量new 的值为（　　）。

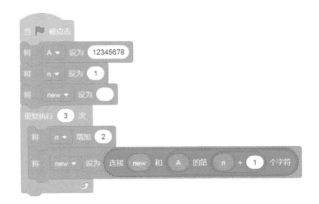

A. 357　　　　B. 468　　　　C. 246　　　　D. 345

（2）下图所示的代码运行结束时，变量 result 的值为（　　　）。

　　A. w　　　B. r　　　C. o　　　D. d

2．判断题

（1）在字符串中查找字符时，一定会用到积木。（　　　）

（2）字符串只能由字母组成。（　　　）

3．编程题

当用户在 Scratch 中输入一段英文时，小猫角色会帮用户删除这段英文中所有的元音字母，即删除字符串中的 A(a)、E(e)、I(i)、0(o)、U(u) 字母。

（1）准备工作

保留小猫角色和默认的空白舞台背景。

（2）功能实现

小猫询问"请输入英文："。

待用户输入英文后，小猫说"现在开始删除元音字母"2 秒。

删除完成后，小猫说出删除后的结果。

 ## 2.4 提高扩展

保留小猫角色和默认的空白舞台背景，按下空格键，随机生成 1 个 100000~999999 的数，这个数由 6 位数字组成，该数就是一个字符串。编写程序按照从左到右的顺序遍历该字符串，将字符串中的 6 位数字按照奇数在左、偶数在右的顺序重新排列。

例如，小猫说"随机生成：423165"5 秒，小猫说"奇数在左、偶数在右重新排列"2 秒，小猫说"排列后：315426"。

第3课　恺撒密码
——字符串应用

相信你对密码一定不会感到陌生，它在生活中无处不在，比如解锁手机、登录微信、登录电子邮箱以及银行取款等，这些场景都需要输入密码。实际上，严格地说应该把它叫作"口令"（password），也可以叫作"秘密的号码"，这些并不是真正意义上的密码。

密码（cipher）是一种用来混淆的技术，用户希望把正常的信息变成不能被别人识别的信息，这个过程叫作"加密"。对加密后不可识别的信息进行再处理和恢复，这个过程叫作"解密"。恺撒密码（Caesar Cipher）是一种最简单且最广为人知的加密技术，恺撒密码盘如图3-1所示。看一看密码盘中的外圈字母和内圈字母有什么关系？

图3-1　恺撒密码盘

 3.1 课程学习

今天我们就来学习和密码有关的知识。这里有一段利用程序加密后输出的字符串"L OLNH VFUDWFK!"，你能猜出这个句子是什么意思吗？

其实，这串字母是"I LIKE SCRATCH!"经过恺撒密码加密后的密文。接下来我们将学习恺撒密码的原理，以及如何在 Scratch 中编写程序来实现恺撒加密和解密。

3.1.1　恺撒密码的原理

恺撒密码是移位代换密码（变换加密）。加密就是使用某种特殊的算法改变原始的信息数据，使未授权的用户即使得到加密后的信息，由于不知道解密的方法，也无法获取信息的真实内容。这里，我们需要了解一些密码学术语。

明文：加密前的文本（字符串）。

密文：加密后的文本（字符串）。

加密算法：将明文实施某种伪装或变换，得到密文的方法。

恺撒密码采用对明文字母表和密文字母表进行排列和替换的方法，密文字母表将明文字母表左移或右移至一个固定的位置。举例来说，在偏移为右移 3 个位置的情况下，可以得到明文字母表和密文字母表的对应关系，如图 3-2 所示。

明文字母表 A B C D E F G H I J K L M N O P Q R S T U V W X Y Z
密文字母表 D E F G H I J K L M N O P Q R S T U V W X Y Z A B C

图3-2　明文字母表与密文字母表

例如，"SCRATCH"加密后得到"VFUDWFK"。如果不知道加密方法，就没有人知道"VFUDWFK"的含义，这样就对信息起到了保护作用。向右移 3 个位置就是这次加密的规律，掌握了加密的规律就相当于拿到了密码箱的钥匙，因此，密钥为 3。当需要解密时，将密文的所有字母逆向移动 3 位，就能读取到正确的文本了。以恺撒密码为例，恺撒加密和恺撒解密的过程如图 3-3 所示。

图3-3　恺撒加密和恺撒解密的过程

加密是将明文通过加密算法转换为密文的过程，解密是将密文经过解密算法转换为明文的过程。请注意，这个过程必须提供相同的密钥。

下面，我们一起来探究恺撒密码加密和解密过程的实现。

3.1.2　前期准备

本范例作品中的舞台背景和部分角色可以从 Scratch 的背景库和角色库中选择，如图 3-4 所示，具体操作如下。

（1）从背景库中添加名为"Blue Sky 2"的舞台背景。接着，在背景中上传"恺撒密码盘"图片，放在舞台的中间位置，输入文字"Caesar Cipher"，并删除默认的空白舞台背景。

（2）从角色库中添加"Witch"角色，将其大小设置为 90，删除默认的小猫角色。

作品预览

图3-4　"恺撒密码"范例作品

3.1.3　恺撒加密算法的实现

1. 变量及初始化

新建变量"明文字母表"，每个字符都有编号（下标）与之对应，对应关系如图 3-5 所示。

字母	A	B	C	D	E	F	G	H	I	J	K	L	M	N	O	P	Q	R	S	T	U	V	W	X	Y	Z
编号	1	2	3	4	5	6	7	8	9	10	11	12	13	14	15	16	17	18	19	20	21	22	23	24	25	26

图3-5　明文字母表与编号（下标）的对应关系

将 26 个英文字母按顺序保存在变量"明文字母表"中，代码如图 3-6 所示。

图3-6　保存明文字母表的代码

新建变量"待处理"用来保存输入的字符串，新建变量"结果"用来保存经过算法处理的字符串，将两个变量的初始值都设为空，代码如图 3-7 所示。

图3-7　设置变量初始值的代码

选择"Witch"角色，为其编写代码。"Witch"询问"加密输入 0，解密输入 1："，直到用户输入正确数字为止。程序需要同时实现加密和解密，为此，设置变量"Flag"用于标记加密和解密的算法。当 Flag=0 时，对待处理字符串执行恺撒加密运算；当 Flag=1 时，对待处理字符串执行恺撒解密运算。代码如图 3-8 所示。

图3-8　用户选择加密或解密的代码

"Witch"询问"请输入要处理的数据："和"请输入密钥（1~26）："。为了避免用户输入错误，需要判断输入的数字是否在 1~26 的范围内。新建变量"密钥"用来存储加密和解密中字母移动的位数。变量"密钥"完成初始化设置后，"Witch"广播消息"处理字符串"。代码如图 3-9 所示。

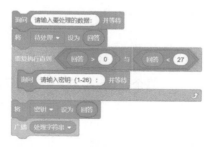

图3-9　设置密钥的代码

2．加密的实现

"Witch"将用户输入的字符串加密后存储，加密的规则是：当变量"密钥"

的值为 3 时，将字母转换成明文字母表中排在该字母后面的第 3 个字母。例如：A 转换为 D，B 转换为 E，以此类推（注意：Scratch 不区分字母的大小写）。在 A 转换为 D 的过程中，A 在字母表中的下标为 1，D 的下标为 4，我们只需要将 A 的下标加 3（密钥）就可以得到 D，并将 D 保存到变量"结果"中，从而实现一个字符的加密。

按照这一规律，在明文字母表中找出每个需要转换的字母所对应的下标，然后将下标的值加上密钥，就可以得到加密后的字符，再将加密后的字符依次连接并存储到变量"结果"中。因为要将变量"待处理"中的每个字符都转换成密文，所以待处理字符串的长度就是循环的次数。

首先，从变量"待处理"所存储的字符串的第 n 个字符开始查找（n 表示该字符串的下标，初始值为 1），判断变量"明文字母表"中是否包含该字符，如果包含，就查找该字符在明文字母表中的下标。代码如图 3-10 所示。

图3-10 查找待加密字符在明文字母表中的下标的代码

需要注意的是，在明文字母表中，X、Y、Z 这 3 个字母的下标分别是 24、25、26，若将这 3 个字母加密，它们的下标值加上密钥值 3 后都大于 26（明文字母表长度）。举例来说，X 在明文字母表中的下标是 24，向右移 3 位，24+3=27，27 超过了明文字母表的长度，那么如何将 X 转换成 A 呢？

这里可以使用同余法，即计算（24+3）除以 26 的余数，26 是明文字母表的长度，移位后的下标值 27 除以 26 的余数等于 1，1 是字母 A 的下标。字母 Z 在明文字母表中的下标是 26，向右移 3 位，26+3=29，29 除以 26 的余数为 3。明文字母表中下标等于 3 的字母是 C，因此，字母 Z 加密后得到了字母 C。

下面，我们总结一下用同余法计算下标的公式。

加密：$c=(s+k) \bmod n$

其中，c 是密文，s 是明文，k 是密钥，n 是明文字母表的长度，mod 为求余数运算。

需要注意的是，在上面的加密和解密过程中使用同余法的计算公式仅仅适用

于下标从 0 开始的移位运算。而在 Scratch 中，字符串的下标从 1 开始，因此，在使用同余法时，应该把变量"待处理"中字符的下标减 1 后再对 26 求余，得到移位后的下标再加 1。代码如图 3-11 所示。

图3-11 加密过程中控制与计算下标的代码

举例来说，在明文字母表中，W 的下标为 23，下标减 1 后等于 22，22+3=25，25 除以 26 的余数为 25，再将移位后的下标加 1（25+1=26），明文字母表中下标为 26 的字母是 Z，因此，W 右移 3 位后的密文是 Z。

如果在明文字母表中找到要加密的字符，按照"移位后下标"的值将变量"明文字母表"中对应的字符取出，并将其连接到变量"结果"中。代码如图 3-12 所示。

图3-12 将字符连接到变量"结果"中的代码

如果在明文字母表中没有找到要加密的字符，则将该字符输出到变量"结果"中，加密结束后，广播消息"处理完毕"。代码如图 3-13 所示。

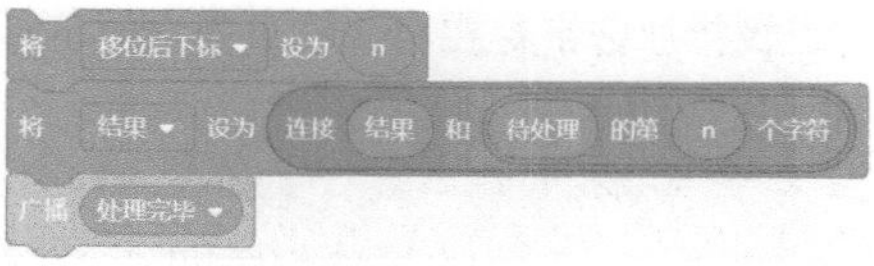

图3-13 输出到变量"结果"中的代码

测试：输入"0"表示加密操作，输入待处理字符串"I LIKE SCRATCH!"，输入密钥"3"，屏幕上输出"加密后：L OLNH VFUDWFK！"。

3.1.4 恺撒解密算法的实现

在恺撒加密算法中，将待处理字符向右移 n 个位置获得密文，恺撒解密算法与加密算法相反，恺撒解密算法只需将密文的各个字符向左移 n 位，即可解密。

采用同余法进行解密的算法如下。

解密：$s=(c-k) \bmod n$，其中，c 是密文，s 是明文，k 是密钥，n 是明文字母表长度，这个公式适用于字符串下标从 0 开始的移位运算，Scratch 中字符串的下标从 1 开始，因此在解密时，需要先将下标减 1 求得移位后的下标，再将下标加 1。代码如图 3-14 所示。

图3-14　解密过程中控制与计算下标的代码

测试：输入"1"进行解密操作，输入待处理字符串"L OLNH VFUDWFK！"，输入密钥"3"，屏幕上输出"解密后：I LIKE SCRATCH!"。

3.1.5 输出结果

当"Witch"角色接收到消息"处理完毕"时，判断操作的类型，如果 Flag=0，则需要进行加密操作，输出加密操作的结果；否则输出解密操作的结果。"Witch"角色的代码如图 3-15 所示。

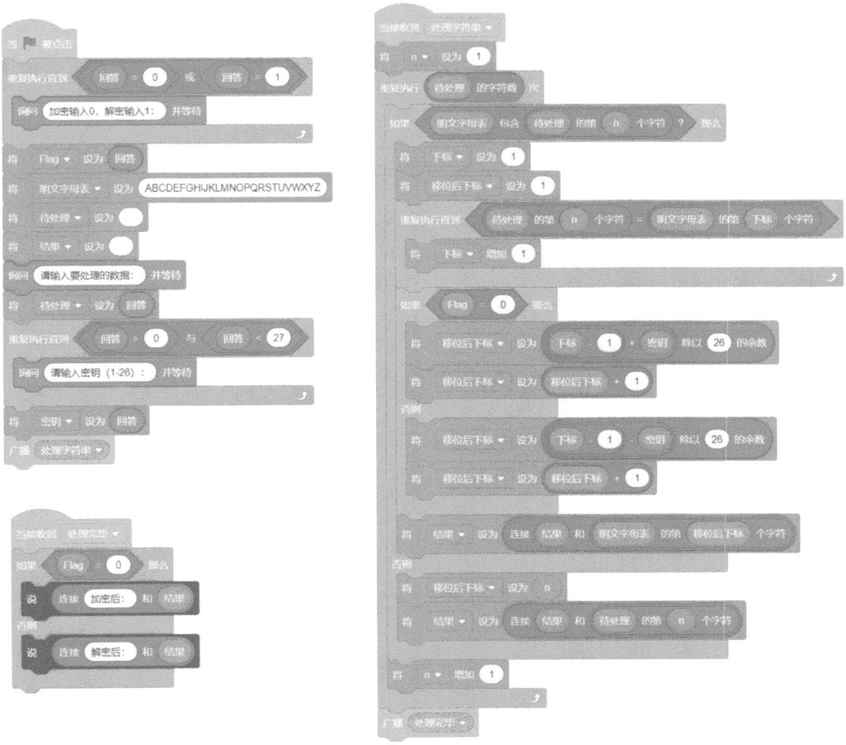

图3-15　"Witch"角色的代码

> **想一想** 恺撒加密算法每次将明文字母表中的字母向左移 n 位，那么加密和解密算法又该如何实现呢？

3.2 课程回顾

课程目标	掌握情况
1. 掌握从字符串中提取字符的方法	☆ ☆ ☆ ☆ ☆
2. 理解加密和解密的原理	☆ ☆ ☆ ☆ ☆
3. 掌握简单的加密和解密算法	☆ ☆ ☆ ☆ ☆

3.3 练习巩固

1. 单选题

（1）下图所示代码运行结束时，变量 new 的值为（　　）。

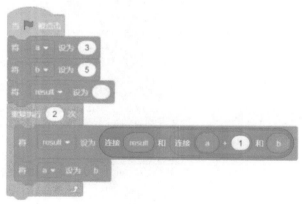

    A. 4556　　　B. 4545　　　C. 4645　　　D. 4565

（2）下面所示代码中，运行结果是"编程"的选项是（　　）。

A. 连接 编 和 我爱编程 的字符数
B. 我爱编程 包含 编程 ?
C. 连接 我爱 和 编程
D. 连接 我爱编程 的第 3 个字符 和 我爱编程 的第 4 个字符

2．判断题

（1）Hello Scratch3！ 的字符数 积木的运算结果是 14。（　　）

（2）执行下图所示的代码，角色会说"ba"。（　　）

3．编程题

小猫喜欢恶作剧，它总是喜欢把你输入的英文句子中的元音字母擦掉。请你编写程序实现这个效果。

1）准备工作

保留默认的小猫角色，保留默认的白色背景。

2）功能实现

（1）小猫询问："把你想说的话写下来："

（2）程序把用户输入的字符串中的元音字母 a、e、i、o、u 删除。

（3）程序计算被删除的元音字母的个数。

（4）小猫说："我删除了 * 个元音字母。"

（5）小猫说出删除元音字母后的字符串。

第4课　绘制花团
——积木的定义与调用

大自然中有各种各样美丽的花朵，如果你仔细观察，就会发现花朵的花瓣都是按照一定规律排列的，如图 4-1 所示。一片片花瓣组成漂亮的花朵，美丽极了！你知道吗，利用 Scratch 也能绘制出美丽的花朵，今天我们就来学习如何用 Scratch 绘制花朵。

图4-1　大自然中美丽的花朵

4.1 课程学习

今天我们将制作一个名为"绘制花团"的作品，利用程序控制铅笔角色自动在舞台上绘制出一片叶子、一朵花、一枝花，直至一个美丽的花团。

要完成此作品程序，除了需要应用画笔工具的基本功能以外，更重要的是要利用 Scratch 中的"自制积木"分类，也就是程序设计中通常所说的函数。通过完成该作品，我们可以掌握 Scratch 中"自制积木"分类的定义和调用方法，进一步了解"自制积木"分类的作用。

4.1.1　前期准备

本作品中的舞台背景和角色可以从 Scratch 自带的背景库和角色库中选择，

具体操作步骤如下。

（1）从背景库中添加名为"Blue Sky"的舞台背景，同时删除默认的空白舞台背景。

（2）删除默认的小猫角色，从角色库中添加名为"Pencil"的角色。"Pencil"角色在"造型"选项卡中共有两个造型，请你保留一个你喜欢的造型，删除另外一个造型。为了更好地控制角色进行绘画，需要设置"Pencil"角色的造型中心。在"Pencil"角色为矢量图的状态下，用鼠标将造型全部框选住并移动造型，会看到造型中心点的位置标记，移动造型，将笔尖设置为造型中心。舞台效果如图4-2所示。

图4-2 舞台效果

4.1.2 制作"自定义积木"

花团是由一枝枝花组成的，一枝枝的花是由一朵朵的花、花茎以及叶子组成的，一朵花则是由一片片花瓣组成的。花团有很多线条，如果每画一笔都要用一个积木来控制的话，使用积木的数量会十分庞大，代码也会十分冗长。有没有可以简化程序的好办法呢？针对这种问题，可以通过制作新积木的方式来定义某一段代码，使它具有一定的功能，然后再调用这个自制积木，从而简化程序，这就是"自制积木"（函数）分类的应用。

"自制积木"在 Scratch 中可以理解为一些积木的组合，它们组合在一起能够实现某些特定的功能和作用。我们把一些代码定义成"自制积木"，并按照功能给它取一个相应的名称，这样就可以很方便地多次使用这个积木实现相同的功能，定义和调用具有不同功能的自制积木也能够将复杂问题分而治之。

举个例子，假设实现某一功能使用了 10 个积木，继续往下编写代码时发现

还要用到前面这 10 个积木，如果反复复制这 10 个积木，代码就会变得冗长。需要用到 5 次就要使用 50 个积木，需要用到 10 次就要使用 100 个积木。正确的做法是：将这 10 个积木定义成一个"自制积木"，在使用这 10 个积木的时候就调用这个"自制积木"，原理如图 4-3 所示。使用这种方法，代码会变得简洁。

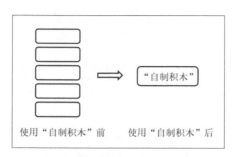

图4-3 使用"自制积木"前后对比

单击"自制积木"分类，在"自制积木"列表中单击"制作新的积木"。在弹出的对话框中设置积木名称为"花瓣"，单击"完成"，"花瓣"积木就定义成功了，如图 4-4 所示。

图4-4 定义自制积木的对话框

在"自制积木"分类列表中会出现"花瓣"积木，在编辑区中会出现定义"花瓣"的积木，如图 4-5 所示。

图4-5 "花瓣"自制积木

想一想 结合"花瓣"自制积木的功能以及绘制花瓣的过程，请你想一想，还应该包含哪些积木才能绘制出花瓣的效果？

4.1.3 绘制花瓣

添加"画笔"扩展，编写"Pencil"角色的初始化代码，代码如图 4-6 所示。

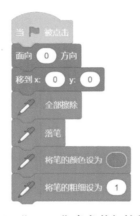

图4-6 "Pencil"角色的初始化代码

编写"Pencil"角色在舞台上绘图的代码，使其能够形成花瓣图案，并将绘制花瓣图案的相关积木放在"定义花瓣"积木下方，对"花瓣"积木进行定义，代码如图 4-7 所示。

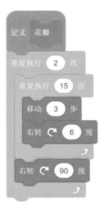

图4-7 定义"花瓣"积木的代码

完成"花瓣"积木的定义后，根据需要调用"花瓣"积木，将该积木与其他

积木进行组合。将"花瓣"积木移动到"Pencil"角色的初始化代码之后，代码如图4-8所示。

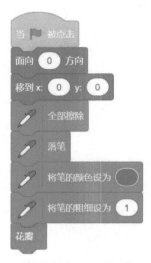

图4-8　调用"花瓣"积木的代码

点击绿旗，"Pencil"角色就会在舞台中绘制出一个花瓣，如图4-9所示。

图4-9　绘制花瓣的效果

4.1.4 绘制花朵

一枝花上会有很多花朵，一个花朵又是由很多花瓣组成的，我们可以新建一个名为"花朵"的积木，反复调用"花朵"积木，就能够方便、快捷地绘制出更多花朵。假定一个花朵由 5 片图 4-9 所示的花瓣组成，那么绘制出一个花朵就需重复绘制 5 次，因此我们可以循环调用"花瓣"积木 5 次。此外，为了使这 5 片花瓣能够环绕一周、均匀分布，那么每调用一次"花瓣"积木完成绘制后还需要将其旋转 72° 后再绘制另一片花瓣。定义"花朵"积木的代码如图 4-10 所示。

036

图4-10 定义"花朵"积木的代码

完成"花朵"积木的定义后，调用"花朵"积木，美丽的花朵就画出来了，如图 4-11 所示。

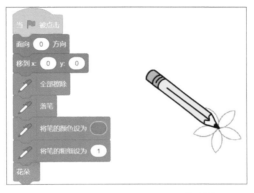

图4-11 调用"花朵"积木及绘制效果

练一练 如果一朵花有 6 片花瓣，请新建一个名为"花瓣"的积木，编写程序调用该"花瓣"积木，使其绘制出美丽的花朵。如果一朵花有 10 片花瓣，该如何修改"花瓣"积木的代码呢？

4.1.5 绘制一枝花

一枝花由花朵、花茎和叶子构成。我们已经编写出绘制一朵花的代码，还需要绘制叶子和花茎来构成一枝花。因为，我们需要定义"一枝花"积木。在绘制一枝花时，可以调用"花瓣"积木来绘制叶子，调用"花朵"积木绘制出花朵，利用**"移动 × × 步"**积木绘制出花茎。代码如图 4-12 所示。

图4-12 定义"一枝花"积木的代码

完成"一枝花"积木的定义后，调用"一枝花"积木，运行程序，就可以绘制出一枝花，代码及绘制效果如图 4-13 所示。

图4-13 调用"一枝花"积木及绘制效果

试一试　在绘制一枝花时，图案只有一种颜色，如何修改代码，使其绘制出来的叶子和花茎呈现出不同的颜色呢？

4.1.6 绘制花团

通过前面的学习，我们已经能够绘制出一枝完整的花，包括花朵、花瓣和花茎。每枝花都旋转60°，旋转 6 次可以形成花团。在绘制花团时，定义并调用"花团"积木，定义"花团"积木的代码如图 4-14 所示。

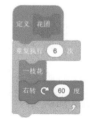

图4-14 定义"花团"积木的代码

运行图 4-15 左侧所示程序，绘制出的花团效果如图 4-15 右侧所示。

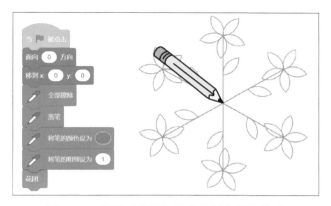

作品预览

图4-15 调用"花团"积木绘制花团的效果

试一试 如果要绘制多个花团，且每个花团的大小、颜色各不一样，那么该如何编写程序呢？

 4.2 课程回顾

课程目标	掌握情况
1. 了解 Scratch 中自制积木的作用，能够对其进行定义和调用	☆ ☆ ☆ ☆ ☆
2. 巩固"画笔"分类中相关积木的使用	☆ ☆ ☆ ☆ ☆
3. 能够多次利用自制积木的定义和调用绘制出花团	☆ ☆ ☆ ☆ ☆
4. 通过自制积木的反复调用，提升逻辑思维能力	☆ ☆ ☆ ☆ ☆

 4.3 练习巩固

1. 单选题

（1）在 Scratch 3 中，下面哪个分类中可以定义积木？（ ）

　　A. 控制　　　B. 运算　　　C. 变量　　　D. 自制积木

（2）点击绿旗，运行如下图所示的代码后，绘制出的图形是（ ）。

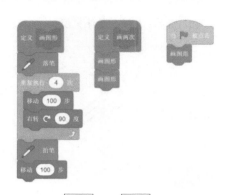

A. ☐

B. ☐ ☐

C. ☐☐

D. ☐ ☐

2．判断题

（1）Scratch 3 中的"制作新的积木"可以用来定义自制积木。（   ）

（2）在 Scratch 3 中，自制积木不可以再调用其他自制积木。（   ）

3．编程题

（1）保留舞台中默认的背景和小猫角色。

（2）定义一个名为"正方形"的自制积木，调用该积木，结合画笔工具绘制出一个如图 4-16 所示的九宫格。

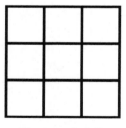

图4-16　九宫格

4.4　提高扩展

红花还要绿叶配，请尝试定义一个名为"绿叶"的积木，在绘制一枝花时使其能够在枝条上画出漂亮的绿叶。

第5课 花开满园
——有参自制积木的定义与调用

春天到了，花园里开满了五颜六色的花。它们的形状、颜色各异，每种花的花瓣形状也各不相同，看上去美丽极了！你能通过 Scratch 编写程序将花园里的美丽景色绘制出来吗？

 5.1 课程学习

作品预览

本范例作品"花开满园"利用程序控制铅笔角色自动在舞台上绘制出一朵朵花，且花的形状、颜色各不相同。

制作"花开满园"范例作品程序，除了需要设置舞台背景、角色以及运用画笔工具外，更重要的是了解 Scratch 中"制作新的积木"中参数的设置，也就是程序设计中的有参函数。接下来我们进一步了解有参自制积木的定义和调用方法。

5.1.1 前期准备

本范例作品中的舞台背景和角色可以从背景库和角色库中选择，具体操作步骤如下。

（1）删除默认的空白舞台背景，并从背景库中添加名为"Blue Sky"的舞台背景。

（2）删除默认的小猫角色，并从角色库中添加"Pencil"角色，保留"Pencil"角色中你喜欢的一个造型，删除另一个造型。将"Pencil"角色的造型中心设置

在笔尖。舞台效果如图 5-1 所示。

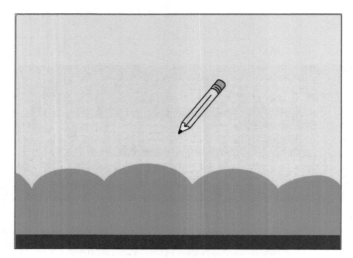

图5-1 "花开满园"范例作品舞台效果

5.1.2 定义有参函数

若想绘制出形状各异的花朵，我们可以将花朵绘制成圆形、柳叶形、正多边形等不同的形状，且图形的大小各不相同。根据已学的知识，我们会想到分别定义绘制这些图形的"自制积木"，然后反复调用"自制积木"，就可以减少程序的长度。如果我们画同一种花，希望画出来的花大小各异，是否需要分别定义不同的自制积木呢？其实，我们不必根据图形大小来分别定义自制积木，只需要改变一下花朵的边长即可，其余的不用改变。这里我们需要用到"自制积木"的参数。

"自制积木"的参数，也叫函数的参数，就是我们在定义自制积木时预留的一个或多个空值。在调用该积木时，再根据实际需要来设置这个（或这些）数值，自制积木就可以利用这个（或这些）数值。在定义有参自制积木时，可以添加不同类型的参数，如图 5-2 所示。

（1）添加输入项数字或文本：指的是可以添加"数据类型"为数字或者字符串的参数。

（2）添加输入项布尔值：指的是可以添加"数据类型"为布尔类型（也就是真或假）的参数。

（3）添加文本标签：用于说明参数的功能，本身无实际功能。

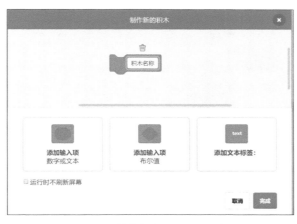

图5-2 "制作新的积木"对话框

完善自制积木，即将需要实现某些功能的积木组合后添加到定义的自制积木中。

（1）新建一个名为"画旋转正多边形"的自制积木，在这个积木中需要设置"边长""边数"和"旋转次数"3 个数字参数。依次添加"数字或文本"输入项和"文本标签"输入项，并将"文本标签"分别设置为"边长""边数"和"旋转次数"，可以得到如图 5-3 所示的自制积木。

图5-3 设置有"边长""边数"和"旋转次数"参数的自制积木"画旋转正多边形"

（2）完成自制积木参数的设置后，如果参数或标签文字有误，可以在此积木上单击鼠标右键，在弹出的选项中选择"编辑"，重新回到编辑状态，对其进行相应的修改，如图 5-4 所示。

图5-4 有参自制积木的参数修改

（3）添加"画笔"扩展，在定义"画旋转正多边形"积木中编写绘制旋转正多边形的代码，如图5-5 所示。代码中的内循环用来画出一定边数的正多边形，外循环用来控制旋转的次数。

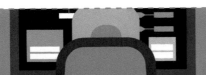

青少年软件编程基础与实战（图形化编程四级）

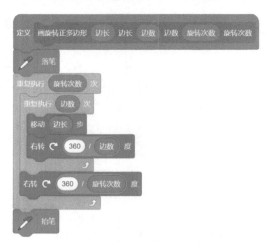

图5-5 定义"画旋转正多边形"积木的代码

试一试

（1）尝试创建一个有布尔类型参数的积木。

（2）如果想让每次调用"画旋转正多边形"自制积木绘制出的图形颜色不同，应该如何实现？

5.1.3 初始化角色及调用函数

（1）完成"Pencil"角色的初始化设置，代码如图 5-6 所示。

图5-6 "Pencil"角色的初始化设置

（2）为了使绘制效果富有变化，可以将"边长""边数"和"旋转次数"这 3 个参数的值设置为指定范围内的随机数。当按下空格键时，调用"画旋转正多边形"积木，"Pencil"角色就可以在舞台中绘制出旋转的正多边形。代码如图 5-7 所示。

图5-7 调用"画旋转正多边形"积木的代码

（3）运行程序后，画笔角色在舞台上画出各式各样旋转的正多边形，看上去就像一朵朵美丽的花，如图 5-8 所示。

图5-8 绘制随机边长、边数和旋转度数的正多边形的效果

5.1.4 绘制有多片花瓣的花朵

在"绘制花团"范例作品中，我们绘制的是有 5 片花瓣的花朵，如果希望花瓣的数量随机，也可以定义一个名为"绘制有多片花瓣的花朵"的有参自制积木，代码如图 5-9 所示。

图5-9 定义"绘制有多片花瓣的花朵"积木的代码

调用该积木后，绘制的花朵如图 5-10 所示。

图5-10　绘制有多片花瓣的花朵的效果

练一练　结合刚才绘制的旋转正多边形，尝试让画笔在舞台上既可以绘制出旋转的正多边形，又可以绘制出花朵图案。

5.1.5　绘制实心圆与线段

为了让花园中的花朵种类更加丰富，我们可以多定义几种绘制图形的自制积木，定义"画实心圆"积木的代码图 5-11 所示。我们还需要给花朵绘制花茎，定义"画线段"自制积木用于绘制线段作为花茎，代码如图 5-12 所示。

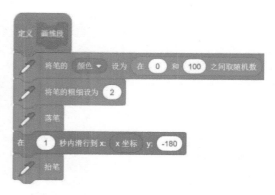

图5-11　定义"画实心圆"积木的代码　　　图5-12　定义"画线段"积木的代码

试一试　调用"画实心圆"积木和"画线段"积木，看看画出来是什么效果吧！

5.1.6　花开满园

我们已经能够绘制出旋转的多边形花朵、有多片花瓣的花朵、圆形花朵、花茎，那么如何在舞台上绘制出整幅画呢？接下来我们调用定义的有参、无参自制积木，绘制一幅美丽的花开满园图案吧！代码如图 5-13 所示。

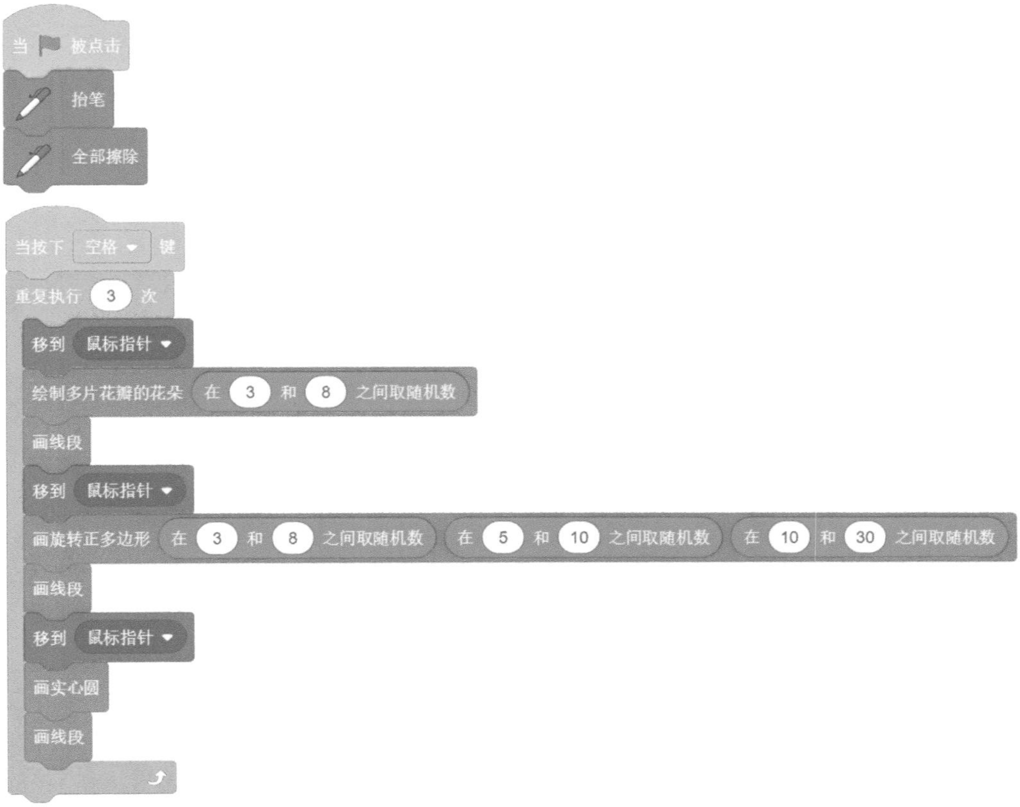

图5-13　"花开满园"范例作品的代码

点击绿旗，绘制效果如图 5-14 所示。

图5-14 "花开满园"范例作品

 5.2 课程回顾

课程目标	掌握情况
1. 了解 Scratch 中有参自制积木的基本概念	☆ ☆ ☆ ☆ ☆
2. 认识并掌握 Scratch 中有参自制积木的定义方法和参数的类型	☆ ☆ ☆ ☆ ☆
3. 巩固 "画笔" 工具相关积木的应用	☆ ☆ ☆ ☆ ☆
4. 认识并掌握有参自制积木的调用方法，能够多次调用有参自制积木编写程序	☆ ☆ ☆ ☆ ☆
5. 通过定义和调用有参自制积木，提升逻辑思维能力	☆ ☆ ☆ ☆ ☆

 5.3 练习巩固

1. 单选题

（1）在 Scratch 3 中，自制积木的参数不能是下列哪种分类？（ ）

　　A.数字　　　B.错误值　　　C.字符　　　D.图表

（2）点击绿旗，下列代码的执行结果为（　　）。

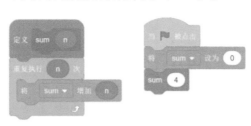

A. 4　　　　　B. 9　　　　C. 16　　　　D. 25

2. 判断题

（1）有参积木在程序中只能调用一次。（　　　）

（2）下图所示的自制积木中创建的参数的类型是布尔型。（　　　）

3. 编程题

定义一个"旋转的正多边形"自制积木，用户输入正多边形的边数、边长、旋转度数，调用该积木，结合"画笔"分类中的积木绘制图形。

（1）准备工作

保留默认的舞台背景和小猫角色。

（2）功能实现

程序运行后，小猫询问正多边形边数的边数、边长、旋转度数，最终在舞台上绘制出旋转的正多边形图形。

第6课 雪花曲线
——递归算法

"雪花雪花，漫天飘，你有几个小花瓣，我用手心接住你，让我数数看，一二三四五六，咦！雪花哪去了，雪花不见啦，只见一个圆圆亮亮的小水点。"这是一首关于雪花的儿歌。冬天，雪花漫天飞舞，真是美极了！你知道雪花是什么形状的吗？你能绘制出雪花图案吗？

1904年，瑞典人科赫提出了一个绘制雪花的办法，用这种方法绘制出来的雪花被人们叫作科赫曲线或雪花曲线。具体方法如下：从一个正三角形开始，把每条边分成3等份，然后以各边的中间部分为底边分别向外画正三角形，再把中间部分的底边线段擦除掉，这样就得到一个六边形，该六边形共有12条边。把该六边形的每条边再分成3等份，以各边的中间部分为底边，向外画正三角形后，擦除掉中间部分的底边线段。按这样的方法重复绘制，就会得到一个雪花形状的曲线。

 6.1 课程学习

作品预览

我们将制作一个"雪花曲线"作品，程序开始运行后，铅笔角色会在舞台上自动绘制出雪花曲线。制作该范例作品，除了需要设置舞台背景、角色以及画笔的参数外，更重要的是运用递归算法来实现程序。下面我们来了解递归的概念和作用。

6.1.1 前期准备

本范例作品中的角色可以从角色库中选择，具体操作步骤如下。

（1）保留默认的舞台背景。

（2）删除小猫角色，并从角色库中添加"Pencil"角色，将该角色的造型中心设置在笔尖处。

6.1.2　认识递归

了解了"雪花曲线"的绘制方法，你一定发现了其绘制过程有着特殊的规律，在设计"雪花曲线"之前，我们需要先了解一下什么是递归。相信大家都听过这样一个故事：从前有座山，山里有座庙，庙里有个老和尚和小和尚，有一天老和尚对小和尚说："从前有座山，山里有座庙，庙里有个老和尚和小和尚，有一天老和尚对小和尚说……"

老和尚讲的这个故事很特殊，故事中包含着故事，如此讲下去，无穷无尽。递归的实现方法和这个故事类似，递归是自制积木（函数）在定义中直接或间接调用自己的一种方法，递归的调用过程如图6-1所示。

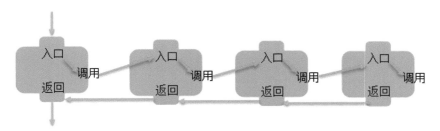

图6-1　递归的调用过程

想一想　大家是否感觉递归的调用过程和循环结构很像呢？结合老和尚给小和尚讲故事的例子，请你找一找故事中的"入口"在哪里，"返回"又在哪里，它是如何实现自己调用自己的。

6.1.3　体验循环结构和递归算法

利用循环结构和递归算法分别实现角色间隔1秒从1说到10的效果，体会递归的实现方法。新建变量"数字"并将其初始值设置为1。利用循环结构使变量"数字"不断加1，直到变量"数字"的值大于10，停止循环。代码如图6-2所示。

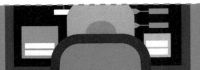

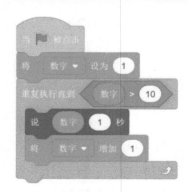

图6-2　利用循环结构实现角色间隔1秒从1说到10的代码

若想使用递归算法，首先需要自定义一个积木，然后再自己调用自己。制作一个新的自制积木"数字"，添加数字参数 n，使其能够在积木中调用自己并循环下去，直到判断条件成立则终止程序。代码如图 6-3 所示。

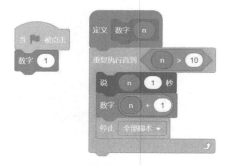

图6-3　利用递归算法实现角色间隔1秒从1说到10的代码

练一练　尝试利用递归算法，编程实现输出 1~10 所有整数之和。

6.1.4 "雪花曲线"分析

了解了递归的原理，接下来我们分析一下"雪花曲线"是如何由正三角形变化出来的。

（1）首先画一个正三角形，把该正三角形的每条边都分成了 3 等份。

（2）取其中一条边的 3 等份的中间一份作为底边，向外再画一个小的正三角形，然后把小正三角形的底边擦除。

（3）重复上面两个步骤，就会产生更多三角形，如图 6-4 所示。

图6-4 "雪花曲线"的绘制过程

　　那么如何利用 Scratch 将美丽的"雪花曲线"绘制出来呢？结合上面的步骤，以正三角形的一条边为例，我们只需要掌握正三角形一条边的画法，剩下两条边就可以用相同的方法进行绘制。这里需要设置变量"级数"，这个变量代表正三角形变化的次数。"级数"为 0，表示画出一个正三角形的一条边；"级数"为 1，表示在正三角形一条边变化的基础上再变化一次。级数越高，画出的图形也就越复杂。绘制效果如图 6-5 所示。

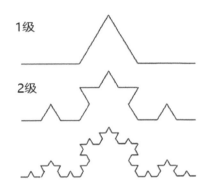

图6-5 "雪花曲线"随级数变化的绘制效果

　　我们再来仔细分析一下具体的过程，从中找出规律。

　　（1）0 级为一条直线。

　　（2）1 级是在 0 级直线的 1/3 长度处向左转 60°，绘制 1/3 的长度后向右转 120°，再绘制 1/3 长度后向左转 60°。

　　（3）2 级在 1 级绘制图形的 1/3 长度处向左转 60°，绘制 1/3 的长度后向右转 120°，再绘制 1/3 长度后再向左转 60°。

　　（4）从 1 级开始，曲线的转向次数和角度都相同。

6.1.5 利用递归算法绘制"雪花曲线"

　　定义一个自制积木"雪花图形"，其中，"级数"和"边长"作为该积木的

数字参数。按照上面的规律，我们需要调用自制积木自身，程序的结束条件就是递归的出口，当"级数"的值满足条件时，程序终止。代码如图6-6所示。

图6-6 定义"绘制 级数 边长 雪花图形"积木的代码

完成代码编写后，就可以调用绘制雪花曲线的有参自制积木进行绘制了。代码如图6-7所示。

图6-7 调用"绘制 级数 边长 雪花图形"积木绘制"雪花曲线"的代码

绘制出的"雪花曲线"如图 6-8 所示。

图6-8 "雪花曲线"的绘制效果

试一试　修改程序，实现角色对用户进行询问，用户输入级数和边长后再绘制"雪花曲线"。

6.2 课程回顾

课程目标	掌握情况
1. 了解生活中的递归现象	☆ ☆ ☆ ☆ ☆
2. 认识递归算法，了解其作用和使用方法	☆ ☆ ☆ ☆ ☆
3. 认识并初步掌握运用递归算法的自制积木的定义和调用，能够直接或间接调用自身，并结合参数编写绘制"雪花曲线"的程序	☆ ☆ ☆ ☆ ☆
4. 通过完成"雪花曲线"范例作品程序，提高逻辑推理能力	☆ ☆ ☆ ☆ ☆

6.3 练习巩固

1. 单选题

（1）下列定义的自制积木中，能够计算出 1~10 数字之和的是（　　）。

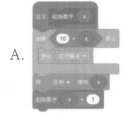

A.

B.

C.

D.

（2）运行下图所示的代码，角色说出的数值为（   ）。

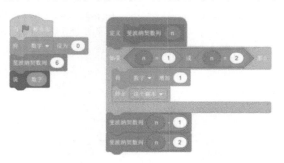

A. 5   B. 8   C. 13   D. 21

2. 判断题

（1）运用递归算法的自制积木只能直接调用自己，不能间接调用自己。
（   ）

（2）运用递归算法的自制积木在被调用时，如果没有出口，程序就会陷入死循环。（   ）

3. 编程题

利用递归算法，计算 1+2+3+4+……+99+100 的和。

（1）准备工作

保留默认的舞台背景和小猫角色，将小猫角色调整到舞台中的合适位置。

（2）功能实现

运行程序，小猫说出 1+2+3+4+……+99+100 和的值。

 6.4 提高扩展

请利用递归算法编写程序，画出如图 6-9 所示的图形。

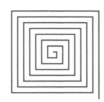

图6-9 利用递归算法绘制图形的效果图

（1）准备工作

保留默认的白色舞台背景及小猫角色，添加"画笔"扩展，将小猫的初始位置设定为（0,0）。

（2）功能实现

运行程序，角色第一次移动 5 步，以后每次移动的步数比上一次的步数增加 10 步，当绘制图形的边长大于 150 时，程序终止。

第7课　初识列表
——随机点名系统

　　随机点名系统是为了活跃课堂气氛，提高学生的积极性，让更多学生参与课堂学习和思考的教学辅助软件。随机点名系统的功能非常简单，每运行一次，该系统就会从学生姓名库中随机挑选一名学生。你能通过 Scratch 设计一个课堂随机点名系统吗？

 7.1 课程学习

　　今天我们将利用 Scratch 制作一个随机点名系统，实现随机点名的功能。程序开始执行时，会有相应的使用提示，同时"开始"按钮会不停地闪烁。当用户点击"开始"按钮时，"开始"二字会变成"结束"并继续闪烁，接着程序会不断地随机显示出学生的姓名，直到用户点击"结束"按钮，程序定格在一名学生的姓名上。显示完毕，"结束"二字变成"开始"，最终实现随机点名的效果。

　　制作本范例作品程序，除了需要设置舞台背景、角色以及广播消息外，更重要的是了解 Scratch 中的列表，掌握列表的建立，列表元素的手动添加、修改、删除等方法，以及"列表"分类中部分积木的使用方法，如列表元素的调用和删除。

7.1.1 前期准备

　　为了让"随机点名系统"范例作品更加美观，我们需要设置背景和角色，具体步骤如下。

　　（1）删除默认的舞台背景，从背景库中添加名为"Chalkboard"的舞台背景。

（2）删除默认的小猫角色，从角色库中添加名为"Pico"的角色。该角色在"造型"选项卡中共有 4 个造型，请你保留两个你喜欢的造型，删除另外两个造型。

（3）从角色库中添加名为"Button2"的角色，在该角色的"造型"选项卡中选中"button2-a"造型，单击"文本"选项，并将文本的填充色设置为白色，在"button2-a"造型中添加"结束"二字，并调整字体大小。同样在"button2-b"造型中添加"开始"二字。"Button2"角色的不同造型如图 7-1 所示。

图7-1　"Button2"角色的不同造型

舞台效果如图 7-2 所示。

图7-2　"随机点名系统"范例作品的舞台效果

作品预览

7.1.2　建立列表

在随机点名系统中，首要问题是如何存储多名学生的姓名并快速调用。根据已学知识，我们可以使用变量，但是一个变量只能存储一个姓名，如果要存储一个班级所有学生的姓名，就需多个变量，这样使用起来很不方便。有没有更好的办法呢？ Scratch 中的"列表"就可以解决类似的问题。

列表是一种将多个数据项以集合的形式按次序存储的数据类型。集合的名称就是列表名，集合中的数据项就是列表元素，而且都有对应的编号，编号从 1 开始，获得列表中的元素就是通过编号完成的。图 7-3 所示是在 Scratch 中新建的名为"花名册"的列表，该列表中共存储了 5 个元素的值，分别表示 5 名学生的姓名。

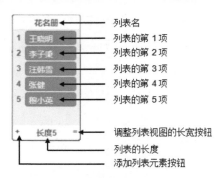

图7-3 "花名册"列表的结构

（1）新建列表。选择"变量"分类，在"变量"分类中选择"建立一个列表"。在弹出的对话框中设置新的列表名为"花名册"并选择"适用于所有角色"，单击"确定"。新建一个列表后，"变量"分类中会出现很多关于该列表的积木，如图7-4所示。

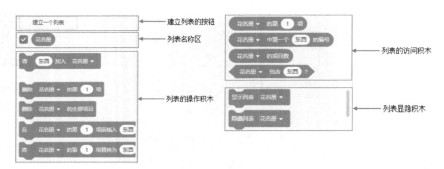

图7-4 有关列表的积木

（2）添加元素。在舞台中，单击列表"花名册"的"+"可以添加新元素。重复此操作，可以将学生的姓名录入该列表中，如图7-5所示。

图7-5 "花名册"列表中各元素的值

（3）修改或删除元素。录入完成后，如果发现某名学生的姓名输入错误，可以单击列表中相应的元素进行修改。如果发现有多余的姓名，可以选中该元素，单击该元素右侧的"×"进行删除，如图 7-6 所示。

图7-6　列表元素的修改和删除

试一试　如果想在某个元素后添加一个新的元素，应该如何实现？

7.1.3　初始化角色及特效设置

（1）完成"Pico"角色和"Button2"角色的初始化代码，如图 7-7 和图 7-8 所示。

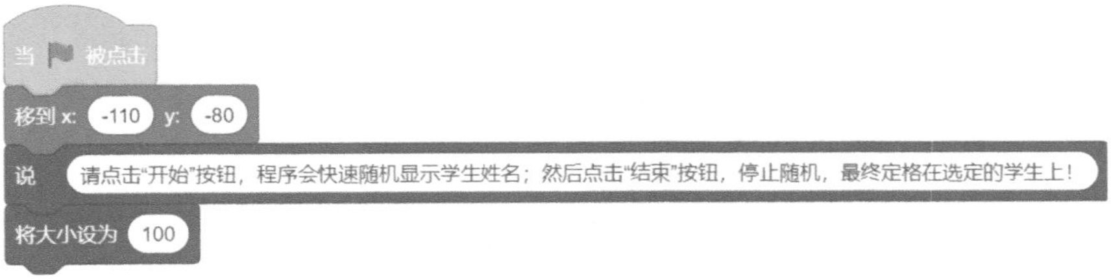

图7-7　"Pico"角色的初始化代码

图7-8　"Button2"角色的初始化代码

（2）设置"Button2"角色的特效。设置按钮反复放大、缩小，用以提示用户进行操作。将代码连接至"Button2"初始化代码的末尾，如图 7-9 所示。

图7-9 实现"Button2"角色特效的代码

7.1.4 编写实现"Button2"角色点击效果的代码

当"Button2"角色的造型为"开始"时，用户点击"Button2"后，该角色的造型变为"结束"，并广播消息"开始"；当"Button2"角色的造型为"结束"时，用户点击"Button2"后，该角色的造型变为"开始"，并广播消息"结束"。代码如图 7-10 所示。

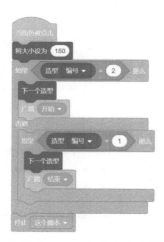

图7-10 实现"Button2"角色点击效果的代码

7.1.5 编写"Pico"角色接收消息的代码

（1）编写"Pico"角色接收到"开始"消息后执行的代码，实现"Pico"每隔 0.1 秒随机说出一名学生的姓名，代码如图 7-11 所示。

单击"变量"分类，在"变量"分类中拖曳 花名册 ▼ 的第 1 项 积木至代码的对应位置，接着拖曳**"在 × × 和 × × 之间取随机数"**积木替换"1"，同时将随机数范围设置为 1~5。当随机数的值为"1"时，表示列表的第一个元素；当随机数的值为"5"时，则表示列表的最后一个元素，同时也是列表的长度。

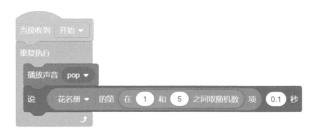

图7-11　"Pico"角色接收到"开始"消息后执行的代码

（2）编写"Pico"角色接收到"结束"消息后执行的代码，使其结束"Pico"角色接收到"开始"消息后执行的代码，并随机显示列表"花名册"中的一个元素。代码如图 7-12 所示。

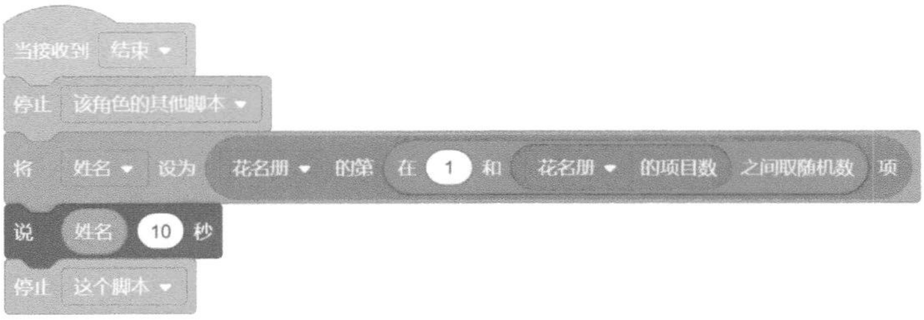

图7-12　"Pico"角色接收到"结束"消息后执行的代码

想一想

假设在课堂中，老师展示了 5 个主题任务，让列表中的 5 名学生各选一个主题进行研究。老师按照 5 个主题的顺序，利用"随机点名系统"进行抽选，并与主题任务进行对应，这样能做到 5 名学生和 5 个主题任务一一对应吗？可能会出现什么情况？

7.1.6　删除列表元素

你会发现"随机点名系统"并不能很好地完成"想一想"中的主题任务分配问题，因为无法避免学生被重复抽中的现象。如果要避免学生被重复抽中，就要把已经被抽中的学生姓名从列表中删除。具体操作步骤如下。

每删除一个列表元素后，列表的长度必然会发生变化。因此，每次产生的随

机数范围也会随着列表长度的变化而变化，随机数的范围应该是从 1 到列表"花名册"的项目数。新建变量"姓名"用来存储列表中随机项所对应的学生姓名，然后将列表"花名册"中包含该姓名的列表元素删除，这样就能避免学生被重复抽中。虽然被抽中的学生姓名被从列表中删除了，但它已经被保存在变量"姓名"中。代码如图 7-13 所示。

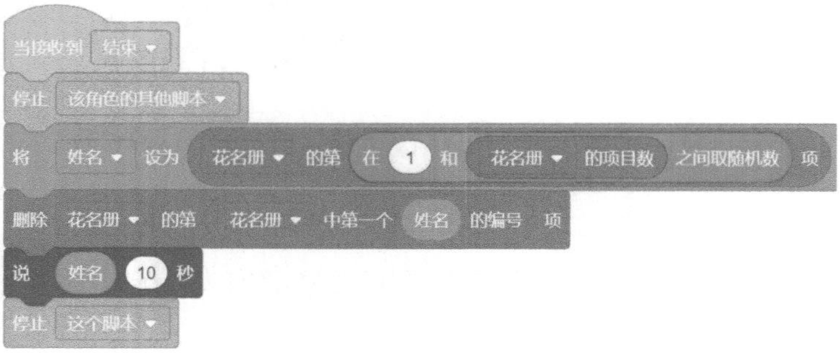

图7-13　删除被抽中学生姓名元素的代码

　　至此"随机点名系统"已经完成，请点击"绿旗"运行程序，单击舞台上的"开始"按钮进行体验。

 7.2 课程回顾

课程目标	掌握情况
1. 了解 Scratch 中列表的概念和作用	☆ ☆ ☆ ☆ ☆
2. 认识并掌握 Scratch 中列表的创建、命名以及列表元素的添加、修改、删除等操作	☆ ☆ ☆ ☆ ☆
3. 认识并初步掌握列表长度的获取方法以及列表中某元素编号的获取方法	☆ ☆ ☆ ☆ ☆

 7.3 练习巩固

1. 单选题

　　（1）新建一个保存有若干数据的名为"身高"的列表，运行下列代码所返回的值为（　　）。

身高 ▼ 的第　身高 ▼ 的项目数　项

A. 列表的第一项　　　B. 列表的任意项

C. 列表的最后一项　　D. 无法确定

（2）下面哪个代码可以获取列表"花名册"中某个元素的编号？（　　）

A. 花名册 ▼ 的项目数　　　B. 花名册 ▼ 中第一个 东西 的编号

C. 花名册　　　　　　　　D. 花名册 ▼ 的第 1 项

2．判断题

（1）在 Scratch 3 的列表中，列表元素只能在列表末尾进行添加。（　　）

（2）在 Scratch 3 的列表中，不允许有相同的元素存在。（　　）

3．编程题

制作一个作品，建立一个名为"动物"的列表，添加 10 种动物的名称，编写代码实现对"动物"列表元素逐个访问并输出的功能。

（1）准备工作

保留默认的舞台背景及角色。

（2）功能实现

运行程序后，小猫角色按照列表元素的顺序，每隔 5 秒依次说出动物的名称。

 7.4　提高扩展

利用本节课所学内容，自行设计一个"家务随机分配系统"。假设家庭中共有 4 名成员，建立名为"家务"的列表，保存"洗碗""拖地""擦窗户""洗衣服"4 个元素。运行程序后，家人依次抽取。每抽中一项家务，系统自动从"家务"列表中删除这项家务对应的元素，接着继续由下一个人抽取。

第8课　班级花名册管理
——列表的应用

点名是班级教学与管理中常见的教学行为，可以有效监督学生的出勤情况，同样，它也是一项烦琐、重复的工作，为了减轻教师负担，提高工作效率，你能利用 Scratch 设计一个"班级花名册管理"系统来实现自动点名功能吗？

 8.1 课程学习

"班级花名册管理"系统利用"变量"分类中列表的相关积木实现对数据的存储、添加、更改和删除，从而实现对学生信息的管理。

8.1.1 前期准备

为了让"班级花名册管理"范例作品更加美观，我们需要设置背景和角色，舞台效果如图 8-1 所示。

作品预览

图8-1　"班级花名册管理"范例作品

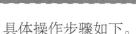

具体操作步骤如下。

（1）上传准备好的舞台背景，同时删除默认的空白舞台背景。

（2）从角色库中分别添加"Pico""Button4"和"Button5"这 3 个角色，同时删除默认的小猫角色。

（3）利用"矩形"和"文本"工具绘制"录入学生"角色按钮并调整其中心位置，然后在"造型"选项卡中选中"造型 1"，复制该造型得到"造型 2"。调整"造型 2"的背景色，使其与"造型 1"的背景色不同，效果如图 8-2 所示。

图8-2　"录入学生"角色的造型1（左）和造型2（右）

（4）在角色列表区中复制"录入学生"角色，将复制出的角色命名为"删除学生"，并进入"造型"选项卡，修改各造型中的文本为"删除学生"。重复此操作，分别创建"更改姓名""信息查询"和"全班点名"角色，如图 8-3 所示。

图8-3　角色列表区

（5）调整各角色在舞台中的位置。

8.1.2　初始化各角色

为了增加用户的体验感，为"录入学生""删除学生"等按钮添加特效功能，即当鼠标指针碰到任何一个按钮时，按钮会出现颜色反差，提示用户此处有事件。具体操作步骤如下。

（1）单击"录入学生"角色，进入该角色的代码编辑界面，为其添加初始化代码。实现点击"绿旗"时，该角色移动至固定位置，并通过**重复执行**积木和**如果 ×× 那么 ×× 否则 ××**积木完成鼠标指针移至角色和离开角色的颜色反差功能。代码如图 8-4 所示。

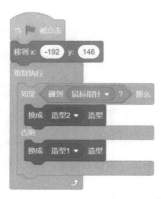

图8-4 "录入学生"角色的初始化代码

（2）将图 8-4 所示的代码依次复制到"删除学生""更改姓名""信息查询"和"全班点名"角色中，并修改各角色初始化代码中的初始坐标，使各个角色布局更合理。

（3）添加"Button4"和"Button5"角色的初始化代码，即点击"绿旗"时，它们隐藏于合适的位置。添加"Pico"角色的初始化代码，使其显示在舞台上合适的位置。

8.1.3 录入学生

"录入学生"角色的功能：该角色被点击时，弹出询问窗口，提示用户当前录入的是第几位学生。完成姓名的输入后，点击"√"按钮，程序会自动判断该学生姓名是否已存在于"花名册"列表中或输入内容是否为空，如果已存在或输入内容为空，则提示添加失败，否则程序会自动将该学生的信息添加至列表"花名册"中。

（1）在"变量"分类中选择"建立一个列表"，创建一个名为"花名册"且适用于所有角色的列表，并隐藏舞台上的"花名册"列表，即将 ☑ 花名册 积木左侧的"√"取消勾选。

（2）新建变量"消息的内容"。通过"事件"分类中的**"广播××"**积木添加一个名为"消息"的消息。

（3）添加条件判断，判断输入内容是否已存在于列表"花名册"中或输入内容是否为空。如果输入内容已存在或为空，那么将变量"消息的内容"的值设置为"您录入的学生姓名已经存在或为空，录入失败！"并广播"消息"；否则就将输入的学生姓名添加至列表"花名册"中，接着将变量"消息的内容"的值设为"恭喜您，录入成功！如需再录，请按'录入学生'按钮继续！"并广播"消息"。代码如图 8-5 所示。"消息的内容"最终会被"Pico"角色接收并说出，代码如图 8-6 所示。

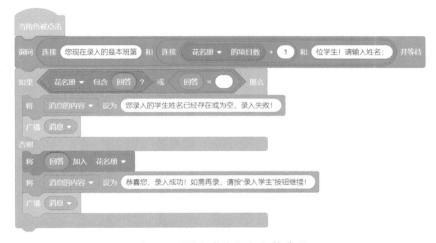

图8-5 "录入学生"角色的代码

图8-6 "Pico"角色接收到消息后执行的代码

其中，花名册▼ 包含 东西 ? 和 回答 的组合积木 花名册▼ 包含 回答 ? 可以判断用户输入的内容是否已存在于列表"花名册"中。将 东西 加入 花名册▼ 和 回答 的组合积木 将 回答 加入 花名册▼ ，可以将用户回答的内容添加至列表"花名册"最末端的位置。

（4）在"Pico"角色中添加"当角色被点击"积木，实现点击"Pico"角色清除说话内容的功能，代码如图 8-7 所示。

图8-7 点击"Pico"角色消除说话内容的代码

试一试 在隐藏列表"花名册"的方法中，除了取消勾选"花名册"积木前的"√"外，尝试一下还有没有其他方法。

8.1.4 删除学生

"删除学生"角色的主要功能：当有学生转班或转校时，用户点击该按钮，就可以输入要删除的学生姓名，点击"√"按钮确认后，程序即可删除该学生的姓名。主要的步骤如下。

（1）添加"**当角色被点击**"积木，并添加"**询问 × × 并等待**"积木，用于程序询问要删除的学生姓名。

（2）添加"**如果 × × 那么 × × 否则 × ×**"积木，用于判断列表"花名册"中是否存在要删除的学生姓名。如果存在，则删除该学生姓名，并将"消息的内容""删除成功"并广播"消息"；否则设为"您输入的学生不存在，删除失败！"并广播"消息"。代码如图 8-8 所示。

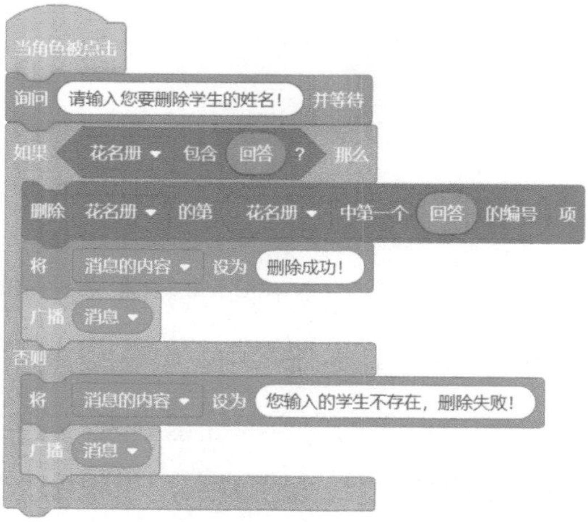

图8-8 "删除学生"角色的代码

8.1.5 更改姓名

"更改姓名"角色的代码中，最重要的积木是"变量"分类中的 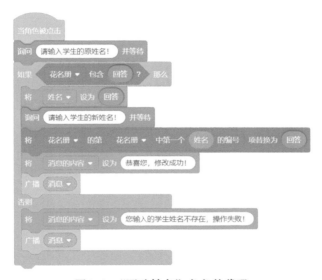 积木。这个积木的功能是将列表中编号为"1"的元素的值替换为"东西"，其中"东西"也可以为变量。利用组合积木 积木就可以将列表"花名册"中第一个值为变量"姓名"的值的元素编号替换为"东西"。

"更改姓名"角色的代码如图 8-9 所示。

图8-9 "更改姓名"角色的代码

想一想 结合前面所编写的代码，想一想为什么使用如图 8-10 所示的代码就可以完成元素的替换，列表"花名册"中会有第二个值为变量"姓名"的值的元素吗？

图8-10 替换列表项的代码

8.1.6 信息查询

"信息查询"角色被点击后，程序需要将班级中所有学生的姓名通过"Pico"

角色说出来。"信息查询"角色的代码如图 8-11 所示。

图8-11 "信息查询"角色的代码

8.1.7 全班点名

在"全班点名"角色的代码中，新建一个适用于所有角色的"未到"列表并将其隐藏，其作用是用来记录所有未到学生的姓名。而列表"未到"应该是一个在每次开始点名前所有元素都被删除的空列表。实现这一功能需要使用"变量"分类中的 ![删除 未到 的全部项目] 积木。此外，我们还需广播消息"点名"和"播报未到学生"。

通过**"当角色被点击"**积木依次从列表"花名册"中读取学生的姓名并广播消息"点名"，实现全班点名的代码如图 8-12 所示。

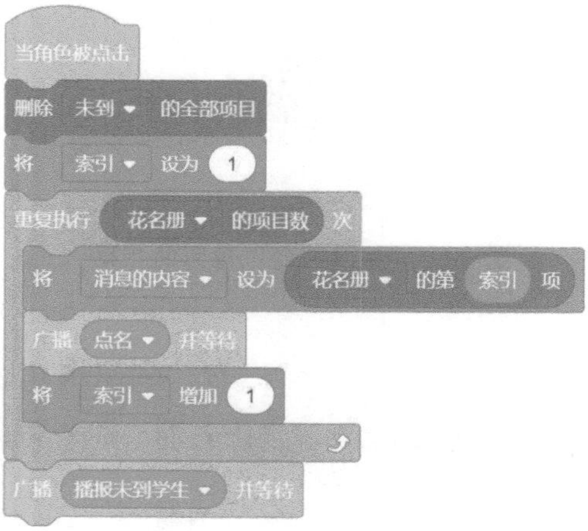

图8-12 实现全班点名的代码

"Pico"角色接收到"点名"消息后，将学生的姓名显示出来，代码如图 8-13 所示。

图8-13　"Pico"角色接收到"点名"消息后执行的代码

同时，"Button4"角色和"Button5"角色也接收到"点名"消息后，改变两角色的造型并显示外观，代码如图 8-14 和图 8-15 所示。

图8-14　"Button4"角色接收到"点名"消息后执行的代码

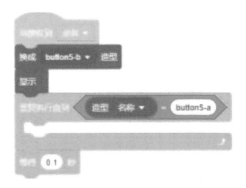

图8-15　"Button5"角色接收到"点名"消息后执行的代码

如果"Button4"角色被点击则广播消息"隐藏"；如果"Button5"角色被点击，还需将学生姓名加入"未到"列表中，代码如图 8-16 和图 8-17 所示。

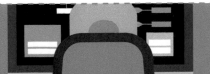

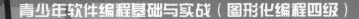

青少年软件编程基础与实战（图形化编程四级）

图8-16 "Button4"角色被点击后执行的代码　　图8-17 "Button5"角色被点击后执行的代码

"隐藏"消息用于将"Button4"和"Button5"两个按钮进行隐藏，代码如图 8-18 和图 8-19 所示。

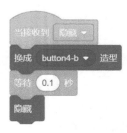

图8-18　隐藏"Button4"角色的代码　　图8-19　隐藏"Button5"角色的代码

直到读取完列表"花名册"中的所有元素，广播消息"播报未到学生"。"Pico"角色接收到"播报未到学生"消息后执行的代码如图 8-20 所示。

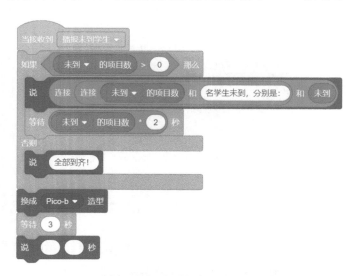

图8-20　"Pico"角色接收到"播报未到学生"消息后执行的代码

至此，"班级花名册管理"系统制作完成，运行程序，体验一下它的功能吧！

074

8.2 课程回顾

课程目标	掌握情况
1. 熟练掌握处理列表数据的方法，能够根据需要选择合适的积木完成对列表数据的处理	☆ ☆ ☆ ☆ ☆
2. 掌握有关列表积木组合使用的技巧	☆ ☆ ☆ ☆ ☆
3. 深入了解广播消息和接收广播消息的逻辑性	☆ ☆ ☆ ☆ ☆

8.3 练习巩固

1.单选题

（1）利用下图所示的代码实现对列表的隐藏，应选择（ ）。

A. ☑ 花名册　　B. 隐藏列表 花名册▼　　C. 隐藏变量 索引▼　　D. □ 我的变量

（2）执行询问代码后，为了将输入的值从列表"花名册"中删除，不需要使用的代码是（ ）。

A. 删除 花名册▼ 的第 1 项　　B. 花名册▼ 中第一个 东西 的编号

C. 回答　　D. 花名册▼ 删第 1 项

2.判断题

"变量"分类中存在求出列表中元素的值等于"东西"的所有元素的编号的一个积木。（ ）

3.编程题

为"班级花名册管理"系统添加一个"随机点名"角色。添加代码实现当该角色被点击时，系统会随机从列表"花名册"中选取一个元素值并让"Pico"角色播报出来。

（1）准备工作

准备好"班级花名册管理"范例作品程序。

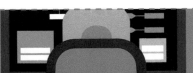

（2）功能实现

程序运行后，用户点击"随机点名"角色，"Pico"角色会从列表"花名册"中随机选取一个元素值（学生姓名）并显示。

 8.4 提高扩展

新建一个列表"未考勤"，为"班级花名册管理"系统添加一个功能，实现在每次点名时，将未到的学生姓名累积加入列表"未考勤"中，从而记录学生在一段时间内的考勤情况。

第 9 课　莫尔斯电码
——列表的关联

莫尔斯电码，又被称为莫斯电码（Morse code），是一种时通时断的信号代码，这种信号代码通过不同的排列顺序来表达不同的英文字母、数字和标点符号等信息。莫尔斯电码由两种基本信号组成：短促的点信号"·"（滴）和保持一定时间的长信号"—"（嗒），如图 9-1 所示。

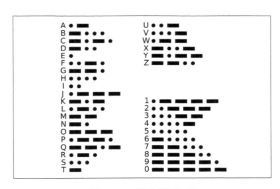

图9-1　莫尔斯电码

莫尔斯电码最常见的信号是"SOS"。"SOS"是国际通用的求救信号，这 3 个字母并非任何单词的缩写，只是因为它的电码"···———···"（3 滴，3 嗒，3 滴）简短、准确、连续而有节奏，是电报中最容易发出和辨识的电码。

你能否利用 Scratch 设计出莫尔斯电码加密和解密的程序呢？

 ## 9.1 课程学习

在本范例作品中，我们将使用 Scratch 编写两个程序，分别实现莫尔斯电码加密和解密。两个程序中都有列表"字母表"和列表"莫尔斯电码"，两个列

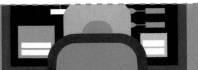

表中的所有元素都是一一对应的，即字母表中的第一个元素"a"对应的是"莫尔斯电码"列表中的第一个元素"·—"。程序将 26 个英文字母与莫尔斯电码一一对应。

9.1.1 前期准备

（1）新建一个 Scratch 项目作品，将其命名为"莫尔斯电码加密"。在网站上搜索并下载两张信息科技主题的图片作为背景图片待用。从角色库中添加"Laptop"角色。具体操作步骤如下。

（2）上传两张背景图片，将其作为舞台背景，分别将造型命名为"1"和"2"，并删除默认的空白舞台背景。其中背景 1 是加密过程的背景，如图 9-2 所示。

图9-2　加密过程的背景

（3）背景 2 是加密开始前和完成后的背景，如图 9-3 所示。

图9-3　加密开始前和完成后的背景

（4）为舞台背景添加图9-4所示的初始化代码，将初始背景设置为背景2。

图9-4 舞台背景的初始化代码

（5）创建"开始"和"结束"两个广播，分别添加图9-5和图9-6所示的代码实现背景特效。当舞台接收到"开始"消息时，使用**重复执行**积木不停地改变背景颜色，使其产生动态的科幻效果。

图9-5 舞台接收到"开始"消息后执行的代码

图9-6 舞台接收到"结束"消息后执行的代码

当舞台接收到"结束"消息时，将颜色特效设定为0，恢复其初始状态。

（6）删除默认的角色，再从角色库中添加"Laptop"角色。

新建一个Scratch项目作品，命名为"莫尔斯电码解密"。重复以上（1）～（3）步的操作，在第（4）步操作中再添加名为"Key"的角色，如图9-7所示。

图9-7 添加"Key"角色

9.1.2 莫尔斯电码加密

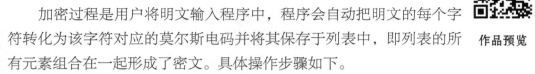

作品预览

加密过程是用户将明文输入程序中，程序会自动把明文的每个字符转化为该字符对应的莫尔斯电码并将其保存于列表中，即列表的所有元素组合在一起形成了密文。具体操作步骤如下。

（1）打开"莫尔斯电码加密"程序，分别建立"明文""字符编号"和"i"这3个适用于所有角色的变量，并隐藏3个变量。

（2）分别建立名为"密文""莫尔斯电码"和"字母表"这3个适用于所有角色的列表。

（3）右键单击舞台中的列表"字母表"，在弹出的菜单中单击"导入"，如图9-8所示。

图9-8　列表的导入/导出的菜单

（4）接着在弹出的窗口中找到准备好的"字母表.txt"文档（该文本文档内容为 a~z 的 26 个字母，每个字母占一行）并导入，完成列表"字母表"数据的初始化设置，如图9-9所示。

图9-9　"字母表"列表与"字母表.txt"文档内容的对照图

　　在 Scratch 列表中，列表的元素可以通过常见的 .csv、.tsv、.txt 等格式的文件进行批量导入。具体步骤是：当文档内容被导入列表时，首先清空列表中的所有元素，接着将文档中的每一行内容作为一个单独的列表元素，从编号 1 开始依次导入列表。

　　（5）右键单击舞台中的列表"莫尔斯电码"，在弹出的菜单中单击"导入"，将准备好的"莫尔斯电码 .txt"文档（此文本文档内容是从 a~z 的 26 个字母对应的莫尔斯电码，每个电码占一行）导入，完成列表"莫尔斯电码"数据的初始化设置，如图 9-10 所示。

图9-10　列表"莫尔斯电码"与"莫尔斯电码.txt"文档内容的对照图

　　（6）取消勾选 3 个列表前的"√"，隐藏列表。

　　（7）编写"Laptop"角色的代码，实现当鼠标指针经过该角色时，显示相应的提示信息，代码如图 9-11 所示。

图9-11　"Laptop"角色的初始化代码

（8）编写"Laptop"角色被点击后执行的代码，此代码由3部分组成：输入明文、明文加密和密文导出。

（9）输入明文部分的代码如图9-12所示，它能够完成列表"密文"的初始化、场景特效设置和明文内容的获取。

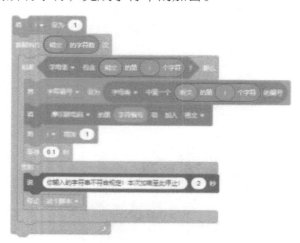

图9-12　输入明文部分的代码

（10）明文加密部分的代码如图9-13所示，它能够逐个提取变量"明文"中的单个字符，并在列表"字母表"中查询该字符的编号，在列表"莫尔斯电码"中提取该编号所对应的元素值，并将元素值加入列表"密文"中，直到逐个提取完变量"明文"的所有字符，完成字符串的加密。

图9-13　明文加密部分的代码

（11）密文导出部分的代码如图9-14所示，它能够实现舞台特效的设置和相关信息的提示。

图9-14 密文导出部分的代码

（12）右键单击列表"密文"，单击"导出"，将列表"密文"内容导出至"密文 .txt"文档中。

9.1.3 莫尔斯电码解密

解密程序是用户将 .txt 格式的文档中的密文导入程序中的列表 **作品预览**
"密文"中，单击"Key"角色，程序自动把列表"密文"中的每个

元素转化为对应的字符，并将其合并至初始为空的字符串变量"明文"的末端，即变量"明文"的值为解密后的明文。具体操作步骤如下。

（1）打开"莫尔斯电码解密"范例作品，分别建立"明文""字符编号"和"i"这 3 个适用于所有角色的变量，并隐藏 3 个变量。

（2）分别建立名为"密文""莫尔斯电码"和"字母表"这 3 个适用于所有角色的列表。分别将"密文 .txt""莫尔斯电码 .txt"和"字母表 .txt"文档内容导入至列表"密文""莫尔斯电码"和"字母表"中，并隐藏列表"莫尔斯电码"和"字母表"。

（3）添加"Key"角色的"**当绿旗被点击**"的事件代码，实现绿旗被点击后，"Key"角色不停地放大、缩小并说出提示操作方法的字符串，代码如图9-15所示。

图9-15 "Key"角色"当绿旗被点击"的事件代码

（4）编写"Key"角色被点击后的代码。该代码由3部分组成：变量初始化、密文解密和明文播报。

（5）变量初始化部分的代码如图9-16所示，它完成变量"明文"的初始化和场景特效设置。

图9-16 初始化部分的代码

（6）密文解密部分的代码如图9-17所示，它能够实现逐个提取列表"密文"中的元素，并在列表"莫尔斯电码"中查询该元素的编号，在列表"字母表"中提取该编号所对应的字母，并将字母加入变量"明文"的字符串中，直到逐个提取完列表"密文"的所有元素，完成字符串的解密。

图9-17 密文解密部分的代码

（7）明文播报部分的代码如图9-18所示，它能够实现舞台特效设置和明文的显示。

图9-18 明文播报部分的代码

至此解密程序编写完成，请大家测试效果。

> **练一练** 尝试用加密程序将一段字符串通过加密导出至 .txt 格式的文档，然后用解密程序将 .txt 格式的文档中的密文进行解密。前后对比，看是否可以实现加密和解密的功能。

9.2 课程回顾

课程目标	掌握情况
1. 掌握从文件中将数据导入列表的原理和方法	☆ ☆ ☆ ☆ ☆
2. 掌握从列表中将数据导出至文件的原理和方法	☆ ☆ ☆ ☆ ☆
3. 掌握列表操作积木的使用方法	☆ ☆ ☆ ☆ ☆
4. 掌握实现多个列表数据关联的操作方法	☆ ☆ ☆ ☆ ☆

9.3 练习巩固

1. 单选题

结合本范例作品，若要获得字母"e"对应的莫尔斯电码，下面哪个代码没有被用到？（　　）

A. 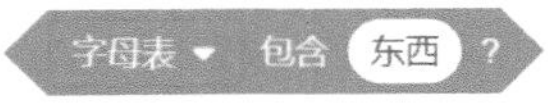 字母表 ▼ 包含 东西 ？ B. 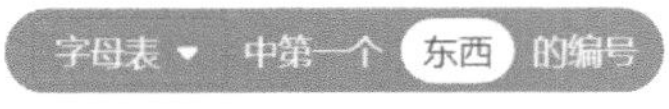 字母表 ▼ 中第一个 东西 的编号

C. 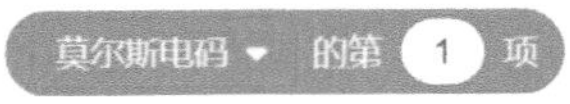 莫尔斯电码 ▼ 的第 1 项 D. 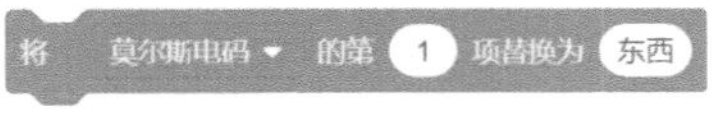 将 莫尔斯电码 ▼ 的第 1 项替换为 东西

2. 判断题

（1）从 .txt 格式的文档中将数据导入列表时不会对列表原数据产生影响。

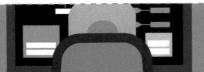

只是将文档中的内容依次追加至原列表元素的后面。（　　）

（2）通过文件将数据导入列表时，文件类型只有 .txt 格式。（　　）

3. 编程题

建立两个列表，分别用于存储文具名称及其价格。编写程序，实现角色询问用户要查询价格的文具名称，程序自动显示该文具的价格。

（1）准备工作

保留默认的舞台背景和角色。

（2）功能实现

运行程序后，用户点击角色，程序在舞台中弹出询问框，让用户输入文具名称。如果用户输入的文具名称存在，则角色输出该文具的价格。如输入"钢笔"，角色输出"钢笔的价格是 25 元"。

如果用户输入的文具名称不存在则提示无此文具。

 9.4 提高扩展

研究莫尔斯电码表，尝试对一些常用的符号和阿拉伯数字进行加密和解密。

第 10 课 元旦大抽奖 ——列表的应用

　　班级里要举办庆元旦活动，为了活跃气氛，班长决定在活动中增加一个抽奖环节，参与者每人都有奖品。奖品有一等奖、二等奖和参与奖，数量按照 1∶2∶3 的比例进行分配。班长想利用多媒体设备展示抽奖过程，向你提供了学生名单的电子文档，请你帮忙利用 Scratch 设计一个可以互动的"元旦大抽奖"系统。

 10.1 课程学习

作品预览

　　"元旦大抽奖"系统的功能是用户将"抽奖名单 .txt"文档数据导入抽奖人名单的列表中，然后系统根据列表中的人数和奖品比例来自动确定每个等级的奖品数量。接着，系统随机抽取一名学生，由该学生点击抽奖按钮抽取自己的奖品，同时系统记录该学生的姓名和对应的奖品并进行展示，随后从学生列表和奖品列表中删除对应的信息，并提示下一位抽奖学生的姓名。直至每个学生都已参加抽奖，系统展示所有人的抽奖信息，然后颁发奖品。

10.1.1 前期准备

　　为了让"元旦大抽奖"系统更加美观，需要设置舞台背景并添加角色。具体操作步骤如下。

　　（1）删除默认的小猫角色，然后绘制一个名为"点击抽奖"的按钮角色，并绘制红底黄字的造型 1 和灰底黄字的造型 2，如图 10-1 所示。

图10-1 "点击抽奖"角色的造型设计

（2）从角色库中依次添加名为"Penguin 2""Hat1"和"Balloon1"的角色，将其分别作为抽奖活动中的一等奖、二等奖和参与奖奖品。

（3）从角色库中添加名为"Nano"的角色，将其作为抽奖规则的设置者。

（4）从背景库中添加名为"Blue Sky2"的背景。

最终角色列表区如图 10-2 所示。

图10-2 角色列表区中的各个角色

10.1.2 角色及数据初始化

添加"当绿旗被点击"事件的代码，实现角色在舞台上布局以及各数据的初始化，具体操作步骤如下。

（1）分别创建变量"一等奖""二等奖""参与奖""抽奖人编号"和"奖品编号"。

（2）分别创建列表"参与者""奖品"和"结果"。

（3）分别为"点击抽奖""Penguin 2""Hat1"和"Balloon1"这 4 个角色添加"当绿旗被点击"事件代码，对其进行初始化设置，设置各角色的大小及初始位置，代码如图 10-3 所示。

图10-3 4个角色的初始化设置的代码

（4）为"Nano"角色添加"当绿旗被点击"事件代码，实现该角色的位置、外观和列表数据的初始化设置，代码如图 10-4 所示。

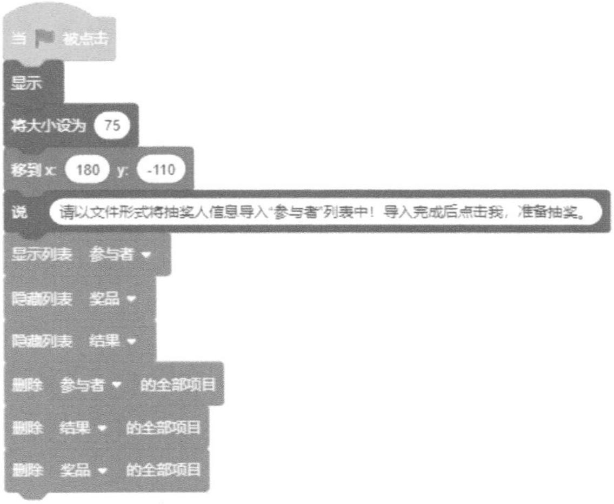

图10-4 "Nano"角色"当绿旗被点击"的事件代码

设置角色变大、变小特效的代码如图 10-5 所示，将图 10-4 与图 10-5 所示代码组合在一起，形成"Nano"角色的完整代码。

图10-5 设置角色变大、变小特效的代码

本范例程序的初始化效果如图10-6所示。

图10-6　"元旦大抽奖"范例作品的初始化效果

10.1.3　奖品代码设计

为营造抽奖氛围，可以为每个奖品添加被预选的放大和缩小特效以及最终中奖奖品的放大等特效，具体可以按照以下步骤操作。

（1）依次在"Penguin 2""Hat1"和"Balloon1"3个角色中创建"当接收到一等奖""当接收到二等奖"和"当接收到参与奖"代码，如图10-7所示。

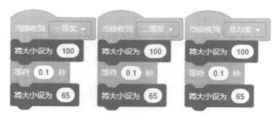

图10-7　接收到一等奖、当接收到二等奖和当接收到参与奖事件的代码

（2）"Penguin 2"角色的"当接收到中一等奖"代码如图10-8所示。编写其他两个角色的中奖代码时可直接复制此代码，然后将消息分别改为"中二等奖"和"中参与奖"并为对应角色添加不同的请贺声音。

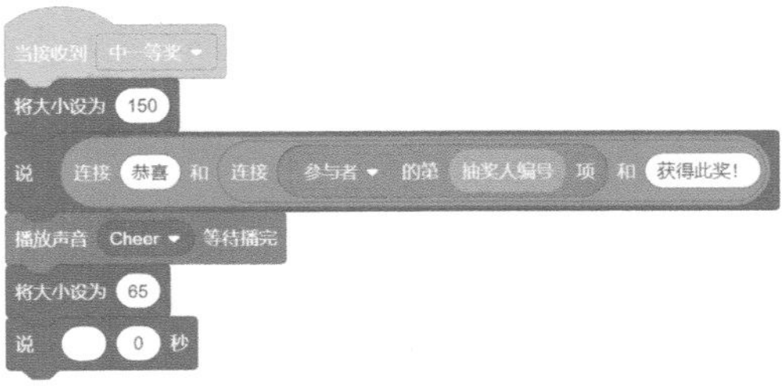

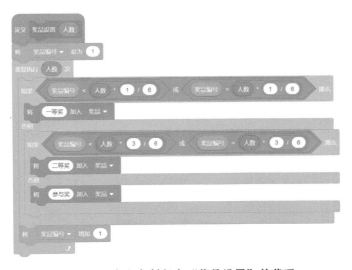

图10-8　"当接收到中一等奖"的代码

10.1.4　参与者数据导入及奖品设置

　　根据参与者人数并按照 1∶2∶3 的比例来设置每个等级奖品的个数，具体操作步骤如下。

　　（1）在"Nano"角色下创建"自制积木"，将其命名为"奖品设置"，添加名为"人数"的数字或文本参数，设计该积木的代码，使其能够创建由"一等奖""二等奖"和"参与奖"3 种元素按照 1∶2∶3 比例组成一个总和等于"人数"变量值个数的列表，代码如图 10-9 所示。

图10-9　定义自制积木"奖品设置"的代码

　　（2）为"Nano"角色添加"当角色被点击"事件的代码，实现参与者数据的导入并按人数生成对应奖品的列表，同时广播消息"下次抽奖人"，代码如图 10-10 所示。

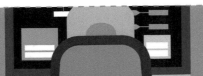

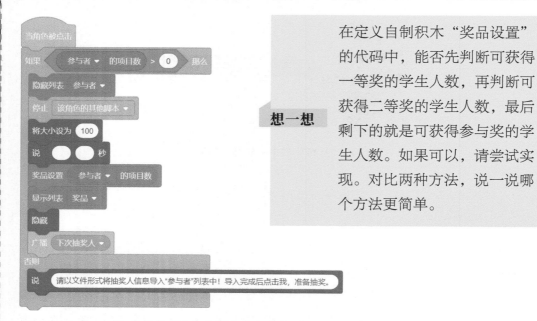

图10-10　"Nano"角色的"当角色被点击"事件的代码

想一想

在定义自制积木"奖品设置"的代码中，能否先判断可获得一等奖的学生人数，再判断可获得二等奖的学生人数，最后剩下的就是可获得参与奖的学生人数。如果可以，请尝试实现。对比两种方法，说一说哪个方法更简单。

10.1.5　抽奖按钮的代码设计

当"点击抽奖"角色接收到"下次抽奖人"消息时，该按钮才会被激活，并随机显示一个抽奖人姓名，单击该按钮开始抽奖，具体操作步骤如下。

（1）添加当接收到"下次抽奖人"消息时，抽奖按钮被激活并提示请谁来抽奖的代码，代码如图 10-11 所示。

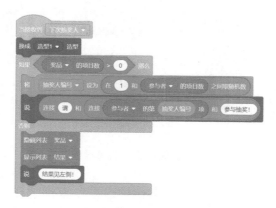

图10-11　当接收到"下次抽奖人"消息后执行的代码

（2）创建"自制积木"，将其命名为"特效"，使其实现每次单击"开始抽奖"时，系统会重复 10 次随机地从列表"奖品"中读取一个元素的值并广播，触发被预选的特效。代码如图 10-12 所示。

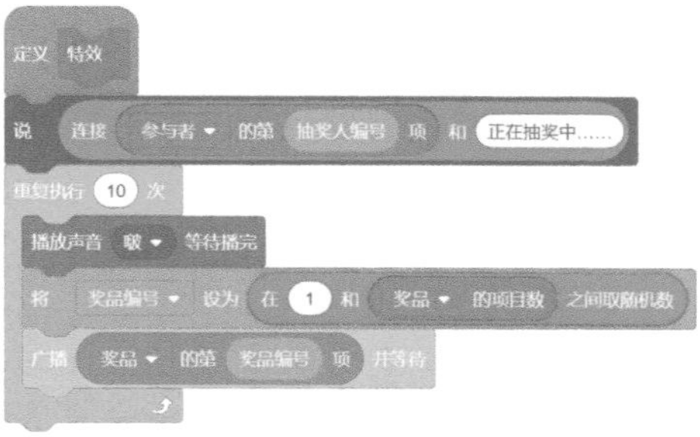

图10-12 定义自制积木"特效"的代码

（3）添加"当角色被点击"事件代码，使其实现每次点击"开始抽奖"时，系统随机选中奖品中任意一个元素的值作为广播消息，用于触发被预选的特效。直至第 10 次，系统会将读取的元素值作为此次抽奖的结果，并发出中奖消息，同时将抽奖人姓名及奖品记录于列表"结果"中。接着将被抽中的奖品从列表"奖品"中删除，将本次的抽奖人姓名也从列表"参与者"中删除。代码如图 10-13 所示。

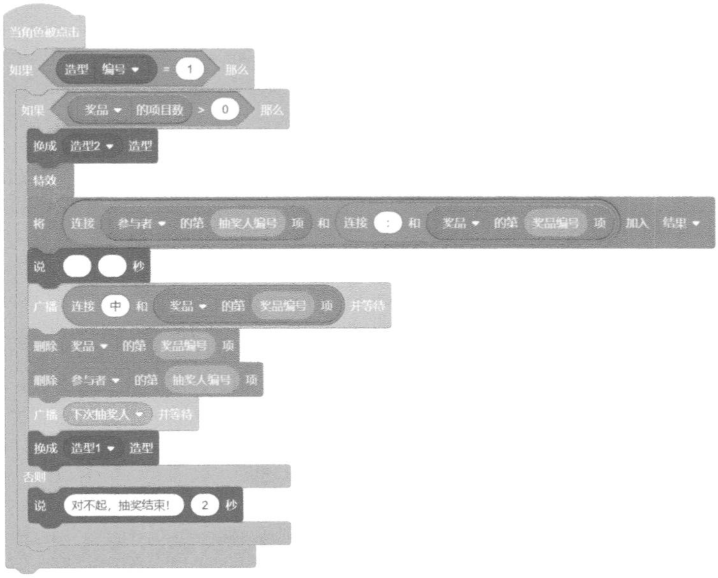

图10-13 "点击抽奖"角色的"当角色被点击"事件的代码

想一想 想一想"点击抽奖"角色的代码中的任何一个  能否直接用 积木代替？

 10.2 课程回顾

课程目标	掌握情况
1. 进一步掌握从文件中将数据导入列表的方法	☆ ☆ ☆ ☆ ☆
2. 掌握利用代码实现批量添加列表元素的方法	☆ ☆ ☆ ☆ ☆
3. 进一步掌握"变量"分类中有关列表操作的积木的使用方法	☆ ☆ ☆ ☆ ☆
4. 进一步掌握多个列表数据关联的操作方法	☆ ☆ ☆ ☆ ☆
5. 进一步了解角色初始化的重要性，能够根据需要编写角色初始化代码	☆ ☆ ☆ ☆ ☆

 10.3 练习巩固

1. 单选题

"参与者"是一个空列表，执行下图所示的代码后，列表中的第一个元素的值为（　　）。

A. 1　　　B. 0　　　C. false　　　D. true

2. 判断题

（1）列表中的 积木实现的功能和 积木实现的功能一样。（　　）

（2）本范例程序中，"点击抽奖"角色的"当角色被点击"事件代码中的"广播 × × 并等待"积木和下页图所示的两个积木的作用是相同的。（　　）

3．编程题

利用列表知识，编写一个可以录入商品和价格的程序，并实现价格查询功能。

（1）准备工作

创建一个名为"商品"的列表和一个名为"价格"的列表。添加两个角色，分别为"录入数据"角色和"查询"角色。

（2）功能实现

程序运行后，当用户单击"录入数据"角色时，程序弹出询问框"请输入商品名称"，用户输入商品名称后，程序将商品名称自动保存于列表"商品"中，同时弹出询问框"请输入商品价格"，程序自动将用户输入的价格保存于列表"价格"中；当用户点击"查询"角色时，程序弹出询问框"请输入您要查询的商品名称"，用户输入商品名称后，如果该商品存在，则程序报出价格，如果该商品不存在，则程序提示无此商品。

第11课 时光飞逝
——有趣的进制

时钟是生活中常用的一种计时器，人们用它记录时间，如图 11-1 所示。其中，"时""分""秒"之间以六十进制转换。关于六十进制的历史有很多传说，其中比较著名的传说是古希腊天文学家、数学家喜帕恰斯（约公元前 190 年—公元前 125 年）把一个圆分为 360 度，每度又细分为 60 分。为了方便，人们也用六十进制来划分时间。中国古代的天干地支就是以六十为一个甲子，所以古今中外，时钟的六十进制一直被人们使用。

图11-1 生活中的时钟

 11.1 课程学习

作品预览

时钟一圈为 360°，刻度共有 12 个大格，每个大格的间隔是 30°；每 1 大格又被分成 5 小格，每个小格的间隔是 6°。我们知道：1 小时 =60 分钟 =360 秒，秒针转 1 圈，分针转 1 小格，也就是 6°；分针转 1 圈，时针转 1 大格，也就是 30°。你发现了吗，其实这就是六十进制的计算，我们一起来探讨吧！

11.1.1　制作时钟角色

时钟角色的制作可以分 3 步来完成。第 1 步完成分针刻度的绘制，即 60 个小格的绘制。第 2 步完成时针刻度的绘制，即 12 个大格的绘制。第 3 步完成数字的填写。时钟角色的制作过程如图 11-2 所示。

图11-2　时钟角色的制作过程

1．绘制分针刻度

删除默认的小猫角色，绘制新角色。在矢量图模式下，画一条蓝色线段，并将其放置在中心位置，如图 11-3 所示。

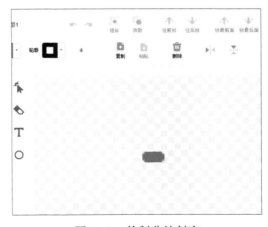

图11-3　绘制分针刻度

每个分针刻度的长度都相等，每个刻度间隔的度数为 6°，所以每绘制完一个分针刻度就要旋转 6°。分针刻度距离钟面的中心有一定的距离，因此可以让角色移动 150 步后再绘制。重复循环 60 次，利用"**图章**"积木完成分针刻度的绘制。绘制分针刻度的代码如图 11-4 所示。

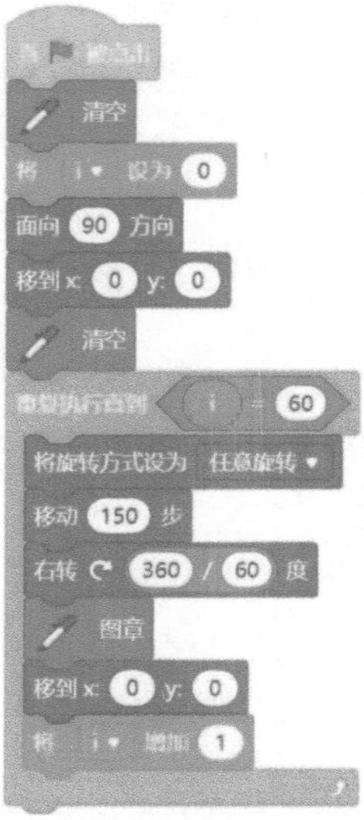

图11-4 绘制分针刻度的代码

2. 绘制时针刻度

钟面一共有 12 个时针刻度，每个刻度间隔的度数为 30°。为了使时针刻度与分针刻度有所区别，可以利用"**将颜色特效设定为 ××**"积木改变时针刻度的颜色。绘制时针刻度的代码如图 11-5 所示。

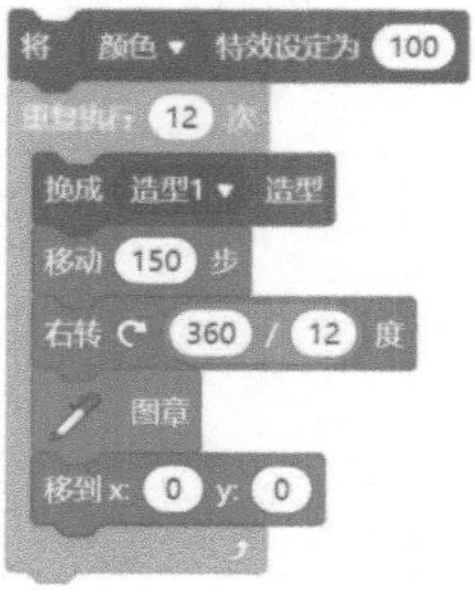

图11-5 绘制时针刻度的代码

比较绘制分针刻度和时针刻度的代码，能否将两个循环结构整合到一起呢？想一想，两个代码之间有什么联系？整合后的代码如图 11-6 所示。

图11-6　绘制分针刻度和时针刻度的整合代码

3．添加时钟数字

在分针刻度角色中添加时钟数字的造型，依次添加数字造型 3、6、9、12，如图 11-7 所示。

图11-7　添加时钟数字造型

如果把 4 个数字都添加到钟面上的正确位置，就需要循环 4 次，每次右转 90°。添加时钟数字的代码如图 11-8 所示。

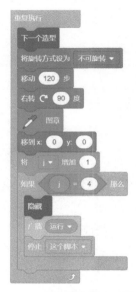

图11-8　添加时钟数字的代码

结合图 11-8 所示的代码，思考以下问题。

（1）该代码中使用了"**重复执行**"积木，并通过"**如果 × × 那么 × ×**"积木退出循环。这样编程的优点和缺点分别是什么？

（2）为什么要在停止脚本前隐藏该角色？

（3）在这段代码中，"j=4"的判断条件放在了循环体的末尾，是否可以把它放在循环体的最前面？如果将其放在最前面，需要修改哪些代码？

（4）为什么每次循环都要回到初始位置（0,0）？

（5）如果将旋转方式设为"任意旋转"，是否可以实现预设效果？

11.1.2　设置指针角色

在设置指针角色之前，我们先来探讨一下指针之间的进制关系。1 小时 =60 分钟，1 分钟 =60 秒，那么 1.5 小时就等于 90 分钟（1.5×60），100 分钟就约等于 1.6667 小时（100÷60）。所以我们在进行计算时，小时转换为分钟需要乘以 60，分钟转换为小时需要除以 60。分钟和秒之间的转换也是同样的原理。

为了降低难度并简化程序，此处我们按照以下方法来模拟实现时钟效果：秒针旋转 1 圈（60 秒）后，分针旋转 1 小格（6°）；分针旋转 1 圈（60 分钟）后，时针旋转 1 大格（5 小格，30°）。

（1）新建 3 个角色，分别是"时针""分针"和"秒针"。其中，"时针"最短、最粗，"分针"其次，"秒针"最长、最细，如图 11-9 所示。

图11-9　绘制"时针""分针"和"秒针"角色

（2）初始化各指针的位置。将所有指针的初始坐标都设为（0,0），初始方向都设为面向 0 方向。指针的初始化代码和位置如图 11-10 所示。

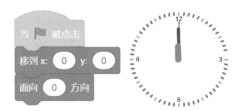

图11-10　指针的初始化代码和位置

（3）编写"秒针"角色的代码。秒针每分钟转 60 次，每次转动的角度为 6°。新建变量"秒针"，将其初始值设为 0，用于控制"秒针"角色旋转的次数。每旋转 6°，变量"秒针"的值加 1，并等待 1 秒。代码如图 11-11 所示。

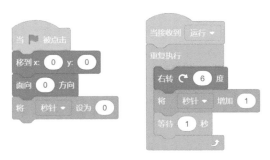

图11-11　控制"秒针"角色的代码1

（4）编写"秒针"角色的代码。秒针每转 60 次，分针旋转 1 次，旋转角度为 360°÷60=6°。在"秒针"角色的代码里添加判断变量"秒针"的值是否等于 60 的语句。如果变量"秒针"的值等于 60，则广播消息"一分钟"，并将变量"秒针"的值重新设为 0。控制"秒针"角色的代码如图 11-12 所示。

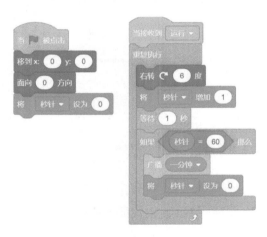

图11-12　控制"秒针"角色的代码2

（5）编写"分针"角色的代码。在"分针"角色的代码里，新建变量"分针"，并将其初始化设为 0。当"分针"角色接收到消息"一分钟"后右转 6°，变量"分针"的值加 1。控制"分针"角色的代码如图 11-13 所示。

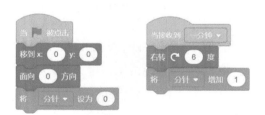

图11-13　控制"分针"角色的代码

（6）编写"时针"角色的代码。分针每转 60 次，时针旋转 1 次，旋转角度为 360°÷12=30°。在控制"分针"角色的代码里，需要判断"分针"是否旋转了 60 次，如果变量"分针"的值等于 60，则广播消息"一小时"。判断变量"分针"值的代码如图 11-14 所示。

"时针"角色接收到消息"一小时"后，"时针"右转 30°。在控制"时针"的代码里，新建变量"小时"。"时针"每旋转 1 次，变量"小时"的值加 1。

判断变量"小时"的值是否等于 24，如果等于 24，则将变量"小时"的值设为 0。
控制"时针"角色的代码如图 11-15 所示。

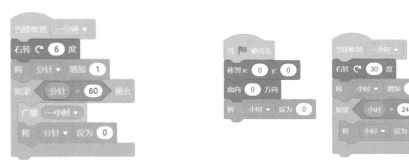

图11-14 判断变量"分针"值的代码   图11-15 控制"时针"角色的代码

11.1.3 最终效果

运行程序，一个美丽的时钟就做好了，如图 11-16 所示。

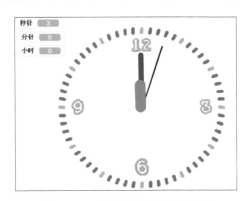

图11-16 "时光飞逝"范例作品

试一试
前面我们模拟实现了时钟效果，但是并不完全与真实的时钟一致。我们知道，当秒针旋转时，分针也在旋转；当分针旋转时，时针也在旋转。请思考如何解决这一问题，尝试修改上述代码，使时钟视觉效果更逼真。

11.2 课程回顾

课程目标	掌握情况
1. 掌握循环嵌套的使用方法	☆ ☆ ☆ ☆ ☆
2. 能够利用循环结构绘制时钟的刻度	☆ ☆ ☆ ☆ ☆
3. 掌握时、分、秒之间的转换关系	☆ ☆ ☆ ☆ ☆

 11.3 练习巩固

1. 单选题

运行下图所示代码后，变量 sum 的值是（　　　）。

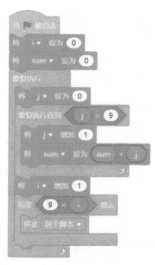

A. 45　　　　　B. 81　　　　　C. 450　　　　　D. 405

2. 判断题

在六十进制中，有些用"分钟"计算的时间无法精确地用"小时"来表达。
（　　　）

3．编程题

时钟是按照六十进制进行计算的，但是天数和小时之间是按照二十四进制进行计算的，请在时钟的基础上增加显示天数的功能。

（1）准备工作

保留默认的空白舞台背景，删除小猫角色，新建变量"天数"。

（2）功能实现

当运行程序时，能够正确地显示出程序已经运行的天数。

 11.4　提高扩展

本范例作品的时钟是利用**"等待 1 秒"**积木来计时的，代码中使用了较多循环结构，所以会影响时钟的精确度。想一想，是否有更好的计时方法。此外，在 Scratch 3 中，有 3 种可以表示循环结构的积木（**"重复执行 ×× 次"**积木、**"重复执行"**积木和**"重复执行直到 ××"**积木），尝试只使用其中一种积木来实现代码的编写。

第 12 课　能买多少只鸡?
——循环遍历的应用

你有过购物的经历吗? 知道怎样在预算范围内买到自己想要的商品吗? 在我国古代就出现了相关的算术问题, 其中比较著名的是"百钱百鸡"和"千钱百鸡"问题。

 12.1 课程学习

"百钱百鸡"作为古代数学史上一个著名的问题, 其重要之处就在于该问题开创了"一问多答"的先例。针对这类问题, 在 Scratch 中, 我们可以采用穷举的方法分别遍历公鸡、母鸡和小鸡的数量, 然后将所有情况都列举出来, 结合计算机的高速运算, 就可以快速地得到答案。

12.1.1 百钱百鸡

作品预览

"百钱百鸡"出自中国古代数学著作《张丘建算经》中, 书中是这样描述的: "今有鸡翁一, 值钱五; 鸡母一, 值钱三; 鸡雏三, 值钱一, 凡百钱买鸡百只, 问鸡翁、母、雏各几何? "题意大致是: 公鸡 5 文钱 1 只, 母鸡 3 文钱 1 只, 小鸡 3 只 1 文钱, 100 文钱买了 100 只鸡, 请问公鸡、母鸡和小鸡各买了多少只?

对于这类问题, 古代数学家并没有高效的方法来解决。但到了现代, 人们就可以使用计算机解决这类问题, 主要原因在于计算机可以快速地处理复杂的运算。

我们可以从题目中得到两个约束条件, 分别是鸡的总数和鸡的总价。因此我们可以先满足其中一个条件, 然后再看是否满足第二个条件, 如果两个条件都满足, 则结果正确, 反之则不正确。

12.1.2　思路分析

先考虑每种鸡最多可以买多少只。如果只买公鸡,可以买 20(100÷5)只;如果只买母鸡,可以买 33(100÷3)只;如果只买小鸡,可以买 300(3×100)只。通过对比每种鸡的数量可以发现,如果 100 元买 100 只鸡,其中公鸡不能超过 20 只,母鸡不能超过 33 只,小鸡不能超过 300 只。先假设公鸡的数量为 0,母鸡的数量也为 0,小鸡就可以买 100 只,共花费 33.33(100÷3)元,不符合总价 100 元的要求。

继续按照上述方法:假设公鸡数量为 0,母鸡的数量为 1,那么可以买 99 只小鸡,共花费 36(1×3+99÷3)元,也不符合总价 100 元的要求。依次类推,在公鸡数量为 0 的情况下增加母鸡的数量,判断是否符合要求。接着,假设公鸡的数量为 1,依次从 0 开始增加母鸡的数量,判断是否符合要求。

因此,我们可以先确定公鸡的数量,然后再依次遍历母鸡的数量,从中找出满足条件的每种鸡的数量。

12.1.3　编程实现

(1)建立列表“答案”用来保存结果,删除列表“答案”中的所有项目。分别新建变量 n 和 k,用来保存公鸡的数量和小鸡的数量。并将变量 n 和 k 的初始值设为 0。代码如图 12-1 所示。

图12-1　初始化变量和列表的代码

(2)在外循环里使用变量 n 来遍历公鸡的数量,代码如图 12-2 所示。

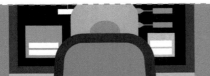

图12-2　遍历公鸡数量的代码

（3）在内循环里使用变量 m 来遍历母鸡的数量，代码如图 12-3 所示。

图12-3　遍历母鸡数量的代码

（4）在内循环里需要判断小鸡的数量。根据条件可知，小鸡的数量等于100 减去公鸡与母鸡的数量之和。因此，可以设置变量 k=100-n-m。代码如图12-4 所示。

图12-4　计算小鸡数量的代码

（5）根据购买鸡的总数判断总价钱是否满足条件，即等于 100 文，代码如图 12-5 所示。

图12-5　根据购买鸡的总数判断总价钱是否等于100文的代码

（6）将满足条件的变量通过"**连接 ×× 和 ××**"积木进行组合，将组合后的结果保存在列表"答案"中。

根据以上思路，可以得到图 12-6 所示的完整代码。

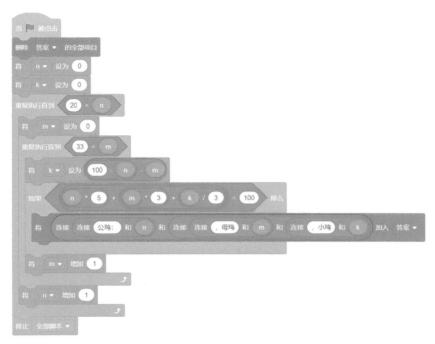

图12-6　解决"百钱百鸡"问题的完整代码

利用计算机求得的结果将保存在列表"答案"中，如图 12-7 所示。

图12-7　"百钱百鸡"问题的运算结果

想一想　在列表"答案"的第一个结果中，公鸡数量为 0，即 1 只公鸡都没有买。如果必须要买公鸡，该如何修改代码？

12.1.4　千钱百鸡

我们在"百钱百鸡"问题的基础上进行改进，假设 1 只公鸡卖 80 元，1 只母鸡卖 50 元，3 只小鸡卖 10 元。现在用 1000 元买 100

作品预览

只鸡，并且每种鸡的数量至少为 1 只，可以如何购买？

解决问题依然采用上述思路，在这里有两个条件。一个是总价钱的限制，另一个是总数量的限制。在上面的程序中，我们先得到每种鸡各买多少只，再根据每种鸡的价钱来判断总价钱是否满足条件。这次我们需要先根据总价钱来判断出每种鸡的数量，再根据每种鸡的数量来判断总数量是否满足条件。

（1）思路分析

先判断每种鸡最多可以买多少只。1000 元可以买公鸡 12（1000÷80）只，或者买母鸡 20（1000÷50）只，或者买小鸡 300［（1000÷10）×3］只。

利用外循环先遍历公鸡的数量，控制循环次数为 12 次，并使公鸡的数量每次循环加 1。再利用内循环遍历母鸡的数量，控制循环次数为 20 次，并使母鸡的数量每次循环加 1。最后，根据 3 种鸡的数量关系来确定小鸡的数量，小鸡数量为（1000- 公鸡数量 ×80- 母鸡数量 ×50）÷10×3。

（2）编程实现

根据上述思路，我们可以逐步编写代码。新建名为"方案"的列表用于保存购买方案，删除列表"方案"中的全部项目。分别新建变量"公鸡数""母鸡数"和"小鸡数"，并将变量"公鸡数"和"小鸡数"的初始值设为 1。代码如图 12-8 所示。

图12-8　列表"方案"及相应变量初始化设置的代码

利用**"重复执行××次"**积木遍历公鸡的数量，将变量"公鸡数"的值循环加1，并在循环中将变量"母鸡数"的初始值设为 1，代码如图 12-9 所示。

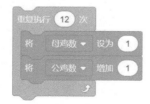

图12-9　遍历公鸡数量的代码

在内循环中,将变量"母鸡数"的值循环加 1,以此遍历母鸡的数量,代码如图 12-10 所示。

图12-10 遍历母鸡数量的代码

结合 3 种鸡的价钱及数量关系,可以计算出小鸡的数量,代码如图 12-11 所示。

图12-11 计算小鸡数量的代码

将公鸡、母鸡和小鸡的数量加在一起,和 100 进行比较,如果满足条件,即等于 100,则将结果添加到列表"方案"中。完整代码如图 12-12 所示。

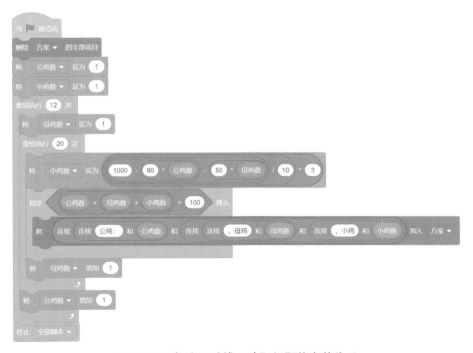

图12-12 解决"千钱百鸡"问题的完整代码

运行程序，计算出的结果为：公鸡2只，母鸡11只，小鸡87只，如图12-13所示。

图12-13 "千钱百鸡"问题的运算结果

想一想 本范例作品中的计次循环（"**重复执行 × × 次**"积木）能否使用无限循环（"**重复执行**"积木）代替，为什么？

 ## 12.2 课程回顾

课程目标	掌握情况
1. 掌握循环嵌套的使用方法	☆ ☆ ☆ ☆ ☆
2. 能够利用循环结构进行遍历求解	☆ ☆ ☆ ☆ ☆
3. 感受古代数学趣题的魅力	☆ ☆ ☆ ☆ ☆

 ## 12.3 练习巩固

1. 单选题

运行下图所示代码，变量 j 的最终值为（　　　）。

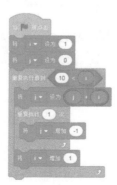

A. 55　　　B. 45　　　C. 35　　　D. 10

2. 判断题

在 Scratch 3 中，下图所示的两个代码在一定条件下可以进行替换。（　　）

3. 编程题

关于"百钱百鸡"问题，古代有很多人进行了创意性的改进，比如清代嘉庆皇帝就编写了一道"百钱百牛"问题。题目大意是："有银百两，买牛百头，大牛一头十两，小牛一头五两，牛犊一头半两，问分别各买多少头？"请大家编程计算出答案。

 12.4 提高扩展

通过本范例作品，我们知道计算机非常适合解决循环计算的问题，请了解循环和枚举之间有什么关系，并且用今天所学的知识解决"五家共井"问题。

"五家共井"问题的大意如下："有 5 家共用 1 口井，甲、乙、丙、丁、戊各家都有 1 条绳子汲水。下面用文字表示每家绳子的长度。甲 ×2+ 乙 = 井深，乙 ×3+ 丙 = 井深，丙 ×4+ 丁 = 井深，丁 ×5+ 戊 = 井深，戊 ×6+ 甲 = 井深。求甲、乙、丙、丁、戊各家绳子的长度和井深。"假设绳子长度大于等于 1 米，小于等于 20 米。请尝试编写代码解决"五家共井"问题。

第13课 寻找神奇的数字
——循环忙不停

数学中有整数、小数、负数、正数、自然数、有理数、无理数等。我们最熟悉的数莫过于自然数。"门前大桥下，游过一群鸭。快来快来数一数，二四六七八……"这首儿歌的歌词中就有关于自然数的描述。

自然数是指用以计量事物的件数或表示事物次序的数。即用0、1、2、3、4……所表示的数。自然数从0开始，一个接一个，组成一个无穷的集体。自然数存在有序性和无限性，按照数的性质可以分为奇数和偶数、质数（素数）和合数等。

 13.1 课程学习

在本范例作品中，我们将学习孪生质数和完美数的相关知识。孪生质数和完美数都有着显著的特点，下面我们将进一步探究它们的特点。

13.1.1 寻找孪生质数

首先来了解一下什么是孪生质数。孪生质数就是指相差2的质数对，例如1和3、5和7、11和13，它们都是孪生质数。下面我们将利用程序来寻找100以内的孪生质数。

作品预览

1. 思路分析

保留舞台默认的空白舞台背景和小猫角色。实现思路：首先需要获取100以内的所有质数，将判断出来的质数保存到质数列表中，然后再判断列表中相邻

两个质数的差值是否等于 2，如果等于 2，则说明这两个质数是孪生质数，接着将这两个质数保存到相应列表中。

2. 编程实现

建立名为"质数"和"孪生质数"的列表，将判断出的质数保存到列表"质数"中，将列表"质数"中判断出的孪生质数保存到列表"孪生质数"中。因为质数不包括 1，因此我们从 2 开始判断。利用循环结构将变量"输入的数"的值循环加 1，穷举出 2~100 所有的数，然后对其进行判断。代码如图 13-1 所示。

图13-1 判断输入的数是否为质数的代码

图 13-1 所示代码中，自制积木 **"判断是否为质数 ××"** 用来判断每次循环所产生的数是否是质数。

定义自制积木。利用循环结构将 i 从 2 开始循环加 1，如果变量"输入值"除以 2 的余数等于 0，则该数一定不是质数，则将变量"是质数"的值设为 0，同时将变量 i 的值设为"输入值"，这样就会终止循环。

变量"是质数"是判断"输入值"是否为质数的标记，将它的初始值设为 1，当变量"是质数"的值等于 1 时，"输入值"是质数；当"是质数"的值等于 0 时，"输入值"不是质数。如果"输入值"除以变量 i 的余数不等于 0，则将变量 i 的值加 1。如果"输入值"除以变量 i 的余数等于 0，那么这个数一定不是质数，则将变量"是质数"的值设为 0，将变量 i 的值设为"输入值"。定义自制积木"判断是否为质数 ××"的代码如图 13-2 所示。

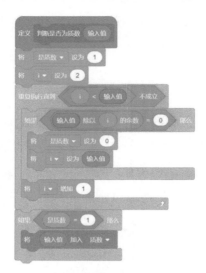

图13-2　定义自制积木"判断是否为质数××"的代码

将判断出的质数保存在列表"质数"中，根据孪生质数的概念，要对列表"质数"中相邻的两个质数进行判断，如果相邻两个质数的值相差2，则将这两个数保存到列表"孪生质数"中。代码如图 13-3 所示。

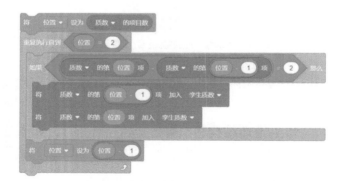

图13-3　判断相邻两质数之差是否等于2的代码

思考一下，如何修改代码，使其能够设定搜索范围？

将图 13-1 ～图 13-3 所示代码组合起来即可得到本范例作品的完整代码。

试一试　试一试输入 1 时会出现什么情况？1 既不是质数也不是合数，该如何修改代码实现对 1 的判断呢？

13.1.2 判断完美数

完美数是指一个数所有的真因子（即除了自身以外的约数）的

作品预览

和，恰好等于它本身。而约数指的是一个数如果可以由另外两个数
相乘得到，那么这两个数就是该数的约数。例如 6 的约数是 1、2、3、6。除它
本身 6 之外，其他 3 个数相加等于 6，所以 6 是完美数。28 的约数是 1、2、4、
7、14、28，除它本身 28 之外，其他 5 个数相加等于 28，所以 28 也是完美数。

1. 思路分析

根据完美数的性质，要判断一个数是否是完美数，首先需要求出该数的所有
约数。然后将除该数本身以外的所有约数相加，如果和等于该数，那么该数就是
完美数。

首先，要求出一个数的所有约数。利用循环结构将除数循环加 1，如果能够
整除，则这个除数就是该数的约数，判断出一个约数就进行一次相加求和。将所
有约数相加后，因为多加了最后一个约数，即该数本身，所以还要减去该数。将
此时的计算结果与该数相比较，如果相等则该数就是完美数。

2. 编程实现

保留默认的空白舞台背景和小猫角色。找出一个数的所有约数，可以采取穷
举法，用这个数分别除以 1、2、3……直到这个数本身。如果余数等于 0，则该
数是约数。

3. 编写代码

（1）找出该数的所有约数。通过判断余数是否为 0 可以求出一个数的所有
约数。若需要求出输入数的所有约数，就需要找出在 1 到输入数的范围内，所有
能整除输入数，即余数为 0 的数字。新建变量 i 用来遍历所有除数，每进行一次
判断后，变量 i 的值加 1。找出约数后，将所有约数全部保存在列表"约数"中。
代码如图 13-4 所示。

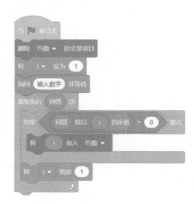

图13-4　求出约数的代码

（2）判断该数是否为完美数。根据完美数的概念，我们需要求出该数所有约数之和，代码如图13-5所示。

图13-5　求出所有约数之和的代码

加入列表的数都是放在列表的最后一位，根据图13-4所示代码，列表"约数"的最后一项一定是该数本身。变量 sum 的值就是所有约数之和，当然也包括了该数本身，因此需要减去该数，也就是列表的最后一项。如果除了该数本身之外的所有约数之和与该数相等，则把变量"回答"的值保存到列表"完美数"中。代码如图13-6所示。

图13-6　判断该数是否为完美数的代码

完整代码如图13-7所示。

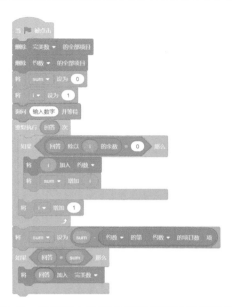

图13-7 判断输入数值是否是完美数的完整代码

（3）定义自制积木

为了自动穷举 1~10000 的所有完美数，我们可以将上面的代码加以修改，并将其功能放入自制积木"判断是否为完美数 ××"中。我们在自制积木中可以新建一个变量，该变量的使用范围只适用于该自制积木。定义自制积木"判断是否为完美数 ××"的代码如图 13-8 所示。

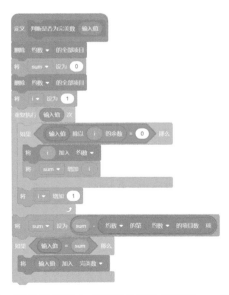

图13-8 定义自制积木"判断是否为完美数 ××"的代码

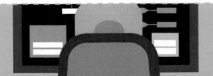

（4）利用循环结构穷举出 1~10000 的所有数，利用自制积木判断所穷举的数是否是完美数，代码如图 13-9 所示。

图13-9　寻找1~1000所有完美数的代码

试一试　改变判断完美数的条件，使程序的可读性更好。

想一想　如果要找出 1~10000 的所有完美数，该如何缩短运算的时间？

 13.2 课程回顾

课程目标	掌握情况
1. 掌握孪生质数和完美数的概念及判断方法	☆ ☆ ☆ ☆ ☆
2. 能够利用程序实现对孪生质数和完美数的判断	☆ ☆ ☆ ☆ ☆
3. 巩固自制积木和列表的应用	☆ ☆ ☆ ☆ ☆

 13.3 练习巩固

1. 单选题

运行下页图所示代码，变量 i 的值为（　　　）。

A. 7   B. 10   C. 13   D. 16

2．判断题

用整除的方法判断除数是否为约数，当余数为 0 时，则该数为约数。
（　　）

3．编程题

亲和数，又称相亲数、友爱数、友好数，是指在两个正整数中，彼此的全部约数之和（本身除外）与另一方相等。例如，如果两个数 a 和 b，a 的所有除本身以外的约数之和等于 b，b 的所有除本身以外的约数之和等于 a，则称 a、b 是一对亲和数。

第 14 课　数的交换
——奇妙的算法

萧伯纳曾经说过："你有一个苹果，我有一个苹果，我们彼此交换，每人还是一个苹果；你有一种思想，我有一种思想，我们彼此交换，每人可拥有两种思想。"学习编程也需要大家多交流，学习别人的经验，了解别人的思想。

 14.1　课程学习

生活中，人们经常会交换物品，在程序中也经常会用到数的交换。程序中的交换并不像生活中交换物品那样简单，而是需要一定的方法和策略。算法可以理解为解决问题的方法和策略，它是在编写程序前就需要确立的方法和策略。程序则是算法的载体与具体体现。当然，解决同样的问题可以使用不同的方法，今天我们就来体验一下数的交换。

14.1.1　两个数的交换

方法1：借助临时变量

作品预览

假设有两个碗，里面分别装着酱油和醋，那么该如何把这两个碗里的酱油和醋进行交换呢？显然，只有两个装着酱油和醋的碗是无法进行交换的，我们可以再找来一个空碗，作为临时存放酱油和醋的容器。

通过前面的学习，我们知道一个变量只能存储一个数值。在 Scratch 中，若想实现两个数的交换，也必须使用一个临时变量作为中转。保留默认的空白舞台背景和小猫角色，分别建立变量 a、b、c，假设把变量 c 作为临时变量，如图 14-1 所示。

图14-1 3个变量的示意图

结合交换酱油和醋的例子，可以按照以下步骤交换变量 a 和变量 b 的值。

（1）将变量 a 的值保存到变量 c 中。

（2）将变量 b 的值保存到变量 a 中。

（3）将变量 c 的值保存到变量 b 中。

这样借助变量 c 就完成了变量 a 和变量 b 值的交换，代码如图 14-2 所示。

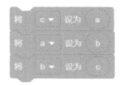

图14-2 借助临时变量实现变量a和变量b值的交换

利用"**询问 × × 并等待**"积木分别输入变量 a 和变量 b 的值，然后进行交换，代码如图 14-3 所示。

图14-3 输入数值并进行交换的代码

方法2：不使用临时变量

在上述方法中，我们使用了一个临时变量 c，通过反复相互赋值的方法实现了变量 a 和变量 b 值的交换。如何在不使用临时变量的情况下，也能实现变量 a

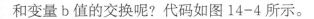

和变量 b 值的交换呢？代码如图 14-4 所示。

图14-4 不通过临时变量交换变量a和变量b值的代码1

在上述代码中，a=a+b，即将变量 a 的值与变量 b 的值之和保存在变量 a 中；b=a-b，此时变量 a 的值为原来的变量 a 与原来的变量 b 值之和，b=a-b 也就是计算最初的 (a+b)-b，所以此时变量 b 的值就等于原来变量 a 的值；a=a-b，a-b 中的变量 a 的值依然没变，仍然是变量 a 与变量 b 的初始值之和，但此时变量 b 的值为交换后的变量 a 的值，所以这是在计算最初的 a+b-a=b，于是就完成了变量 a 和变量 b 的交换。

此外，我们还可以使用图 14-5 所示代码中的方法。

图14-5 不通过临时变量交换变量a和变量b值的代码2

上述代码我们可以这样理解，把 a 和 b 看作数轴上的两个点，围绕两点间的距离进行计算。a=b-a 即求出 a、b 两点间的距离，并且将该值保存在 a 中；b=b-a 即求出 a 到原点的距离（b 到原点的距离与 a、b 两点距离之差），并且将其保存在 b 中；a=b+a 即求出 b 到原点的距离（a 到原点距离与 a、b 两点距离之和），并将其保存在 a 中。这样也可以实现变量 a 和变量 b 值的交换。

想一想 上述 3 种方法都实现了两个数的交换，它们的原理并不相同，你觉得哪一种方法更容易理解？

解决同一个问题有不同的方法和策略，选择哪种方法往往需要综合考虑。如代码是否简洁、是否更容易理解、执行效率是否更高等。

试一试　不通过临时变量实现两个数交换的方法还有很多，试一试通过乘除运算可以实现吗？

14.1.2　多个数的交换

作品预览

上面的例子实现了两个数的交换，现在把难度增加一点，假设有 3 个数需要交换，分别是 a、b、c，你会怎么做呢？

首先，可以考虑通过临时变量进行数值交换，代码如图 14-6 所示。

图14-6　通过临时变量实现3个数值交换的代码

通过建立一个临时变量 d，首先将变量 a 的值赋值给临时变量 d，然后将变量 b 的值赋值给变量 a，再将变量 c 的值赋值给变量 b，最后将临时变量 d 的值赋给变量 c，这样就实现了变量 a、b、c 的值的交换。

如果不通过临时变量能否可以实现呢？通过变量间相互运算的方法也可以实现交换，代码如图 14-7 所示。

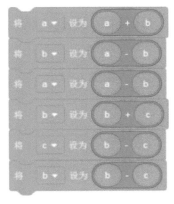

图14-7　不通过临时变量实现3个数值交换的代码

第二种方法并不涉及临时变量，只在这 3 个变量中利用数学运算实现交换。在图 14-7 所示代码中，前 3 行代码可以实现变量 a 和变量 b 的值的互换；后 3 行代码则实现了变量 b 和变量 c 的值的互换。

试一试 如果不借助临时变量，你能实现 4 个或者更多数的交换吗？

想一想 上面的问题有一个前提：变量 a 和变量 b 都是数的情况下才可以这样计算。如果变量 a 和变量 b 的数据类型都是字符串，如何不通过临时变量进行变量的赋值交换呢？

14.1.3 任意个数的交换

通过上面例子的学习，相信你对数的交换有了更深的认识。现在把难度再次加大，如果将列表中保存的数值依次进行交换，该如何实现呢？

首先，我们依然通过临时变量进行数的交换。新建一个名为"我的数据"的列表，列表中保存有若干数据，将列表中的数据进行交换的思路如下。

（1）借助临时变量将列表"我的数据"中的相邻两项进行交换，即把第 1 项和第 2 项进行交换，再把第 2 项和第 3 项进行交换，以此类推，直到交换完毕。需要使用循环结构来控制交换，因为每次需要交换列表中相邻两项的值，所以循环的次数应该比列表的项目数少 1，即循环次数 = 列表的项目数 −1。

（2）新建变量"计次"来判断我们遍历到了列表的哪一项，将变量"计次"的初始值设为 0，每次循环都将变量"计次"的值加 1。

（3）根据前面所学知识，新建名为"临时变量"的变量，用于辅助交换数值。

（4）我们再来梳理一下，借助临时变量 c 交换变量 a 和变量 b 的值，在这里变量 a 就是 ▢▢▢ ，变量 b 就是 ▢▢▢ 。代码如图 14-8 所示。

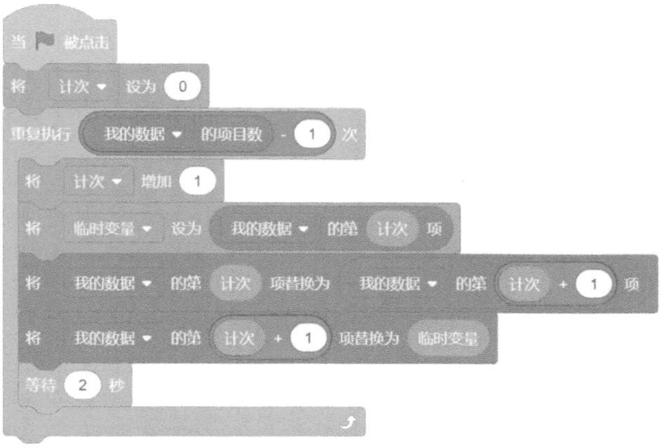

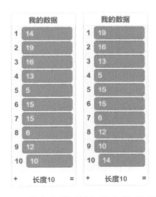

图14-8　通过临时变量将列表"我的数据"中的数值进行交换的代码

以上代码并没有为列表"我的数据"赋值，只是实现了列表中相邻两项数值的交换，大家可以添加为其赋值的代码并进行验证，如图 14-9 所示。

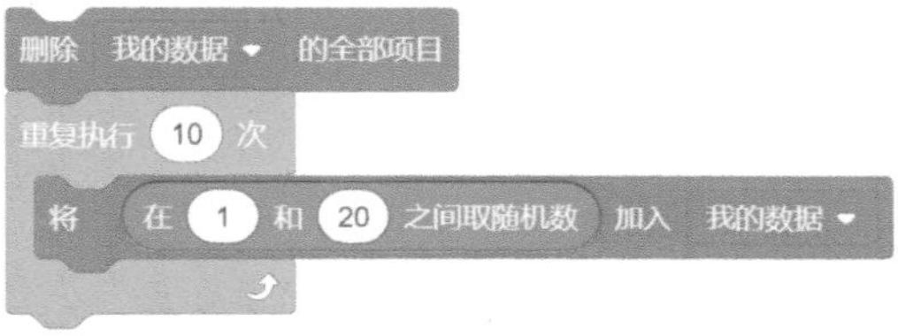

图14-9　为列表"我的数据"赋值的代码

运行程序，列表中数值进行交换前后的对比如图 14-10 所示。

图14-10　列表中数值进行交换前后的对比

如果不使用临时变量实现相邻列表项数值的交换，同样可以通过数学运算交换变量 a 和变量 b 的值。代码如图 14-11 所示。

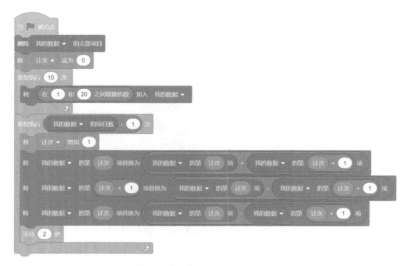

图14-11 利用数学运算交换列表"我的数据"中的数值的代码

想一想 如果变量或列表中保存的都是字符，你觉得使用哪种方法进行交换比较合理？

试一试 如果不使用临时变量，而是使用临时列表，你能否实现数据的交换呢？

 14.2 课程回顾

课程目标	掌握情况
1. 了解算法的基本含义及作用	☆ ☆ ☆ ☆ ☆
2. 深入掌握变量的意义和使用方法	☆ ☆ ☆ ☆ ☆
3. 能够通过编程实现变量间的交换和赋值	☆ ☆ ☆ ☆ ☆
4. 进一步熟练使用"列表"的相关功能	☆ ☆ ☆ ☆ ☆

 14.3 练习巩固

1. 单选题

如果交换变量 a 和变量 b 的值，在空白处应该填入（ ）。

A.   B.   C.   D.

2．判断题

运行下图所示代码后，变量 b 的值是 0。（　　）

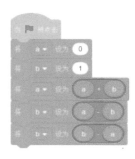

3．编程题

现有 3 个数值变量 a、b、c，如何借助临时列表的方法实现数据交换？

（1）准备工作

保留默认的空白舞台背景和小猫角色。舞台上分别有全局变量 a=3、b=4、c=5。新建一个适用于所有角色的列表，将其命名为"临时数据"，数据为空。

（2）功能实现

不增加新的变量，而是借助列表"临时数据"进行数值交换。运行程序后，使变量 a=4、b=5、c=3。

 14.4 提高扩展

对于多个变量的数值交换，都是按照一定的顺序进行交换的，例如：a、b、c 进行交换后，它们的值分别对应变量 b、c、a 的原始值。请你尝试另一种交换方式，即变量 a、b、c 交换数值后它们的值分别对应变量 c、b、a 的原始值？

第15课　最大和最小
——极值问题

　　你听过孔融让梨的故事吗？"融四岁，能让梨。"说的是在孔融 4 岁的时候，他会特意挑出最小的梨留给自己，而把大的梨让给哥哥。生活中也有很多关于极值的问题，例如，班级里谁的年龄最大、谁的年龄最小？在进行导航的时候，导航系统会给出距离最近的路线和时间最短的路线等。

　　有些问题一目了然，而有些问题还需要我们去判断。Scratch 就可以帮助我们找到问题中的最大值和最小值。

 15.1 课程学习

　　生活中有很多数据，我们希望从中找出最大值和最小值，获取这些信息有助于人们进行判断并做出决定，如商品的最低价格、最短的路程、目前收益最高的股票等，这类问题我们称之为极值问题。

15.1.1 两个数的比较

作品预览

　　既然是进行比较，那么至少要有两个数才行。保留默认的空白舞台背景和小猫角色，分别新建变量 a、b，利用"**询问 × × 并等待**"积木依次输入数字，并分别给变量 a 和变量 b 赋值，然后比较两个变量的值，最后让小猫说出最大的值，如"最大值是 5"，如图 15-1 所示。

图15-1　"极值问题"范例作品

如果 a 大于 b，则变量 a 的值是最大值，否则变量 b 的值是最大值，代码如图 15-2 所示。

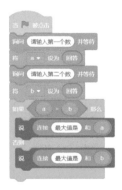

图15-2　判断两个数中的最大值的代码

想一想　如果 a=b，小猫说出的结果是什么？为什么？

试一试　修改图 15-2 所示代码，让小猫说出最小值。

15.1.2　3个数的比较

作品预览

在上面的学习中，我们找出了两个数中的最大值，如果要在 3 个数中找出最大值或最小值，又该如何实现呢？分别建立变量 a、b、c，用于存储输入的数字。保留舞台上的小猫角色，实现依次输入 3 个数后，小猫可以说出最大值，如图 15-3 所示。

图15-3 判断3个数中的最大值的舞台效果

首先编写输入 3 个数的代码，依次利用"**询问 ×× 并等待**"积木输入数值并分别给变量 a、b、c 赋值，代码如图 15-4 所示。

图15-4 输入3个数的代码

输入 3 个数并赋值给变量 a、b、c 后，需要对变量 a、b、c 的值的关系进行判断，以确定谁是最大值。假设变量 a 是最大值，那就应该满足 a>b 且 a>c。如果 b 或 c 是最大值也要满足类似的条件，最大值满足的条件如表 15-1 所示。

表 15-1 最大值满足的条件

最大值	满足条件
a	a > b 与 a > c
b	b > a 与 b > c
c	c > a 与 c > b

完成数字的输入后，需要结合条件做出判断，从而确定哪个数是最大值，并输出最大值，代码如图 15-5 所示。

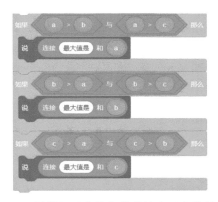

图15-5　判断是否满足条件并输出最大值的代码

仔细观察这 3 个条件，你是否发现有什么问题？当 a=3，b=2，c=1 时，可以准确地判断出 a 是最大值。但如果把输入的数改为 a=3，b=2，c=3，会出现什么情况呢？你会发现并没有数字输出，因为 a=c。在上面的判断条件中并没有考虑两数相等的情况，因此需要修改判断条件。

结合分析，如果 a 是最大值，就要满足 a ≥ b 且 a ≥ c，代码如图 15-6 所示。

图15-6　判断a为最大值的代码

a ≥ b，也可以用"a < b 不成立"来表示，所以上面的代码可以进行优化，如图 15-7 所示。

图15-7　判断a为最大值的优化代码

同理，判断 b 是最大值和 c 是最大值也可以使用同样的方法。判断并输出最大值的代码如图 15-8 所示。

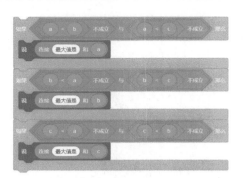

图15-8　判断并输出最大值的优化代码

找出 3 个数中最大值的完整代码，如图 15-9 所示。

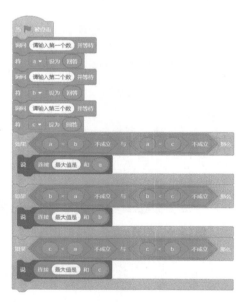

图15-9　判断3个数中最大值的完整代码

试一试　通过编程，我们可以找出 3 个数中的最大值。举一反三，你能编程找出 3 个数中的最小值吗？

15.1.3 找出任意个数中的最大值

在前面的学习中，我们分别找出两个数中的最大值和 3 个数中的最大值，我们发现找出 3 个数中最大值的代码比找出两个数中最

作品预览

大值的代码要复杂得多。

下面我们就来完成一个更具挑战性的任务：找出 10 个数中的最大值。还记得我们是如何进行数值交换的吗？我们可以使用临时变量，将其和每一个数值进行比较，如果数值比临时变量的值大，就把该数值赋值给临时变量。

保留舞台上的小猫角色，新建名为"数据"的列表，假设列表中存储了 10 个 1~20 的随机数，最终效果如图 15-10 所示。

现在舞台上有一只小猫和一个列表"数据"，你可以在列表中输入任意多的自然数，当你点击绿旗运行程序时，小猫会把列表中的最大值说出来。

图15-10　找出任意个数中最大值的舞台效果

（1）利用"**重复执行 × × 次**"积木产生 10 个 1~20 的随机数，保存到列表"数据"中。新建变量"最大值"用于存储列表"数据"中的最大值，新建变量"编号"用于控制列表项的编号，同时对它们进行初始化设置。代码如图 15-11 所示。

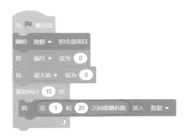

图15-11　相关初始化设置并在列表中存储数据的代码

（2）利用循环结构对列表进行遍历，变量"编号"的值循环加 1，将变量"最大值"（初始值为 0）的值依次和列表的第"编号"项所对应的值进行比较，如果变量"最大值"的值小于第"编号"项所对应的数值，就将第"编号"项对应的数值保存到变量"最大值"中，代码如图 15-12 所示。

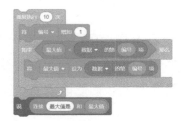

图15-12　遍历列表找出最大值的代码

 15.2　课程回顾

课程目标	掌握情况
1. 巩固运算类积木的基本应用	☆ ☆ ☆ ☆ ☆
2. 熟练掌握变量和列表的使用方法	☆ ☆ ☆ ☆ ☆
3. 了解算法的意义，对程序优化有初步的认识	☆ ☆ ☆ ☆ ☆
4. 能够编写出查找最大值与最小值的程序	☆ ☆ ☆ ☆ ☆

 15.3　练习巩固

1. 单选题

已知变量 a=5，b=7，c=3，运行下图所示代码后，角色说出的值为（　　）。

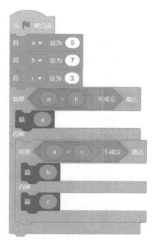

A. 5　　　　　B. 7　　　　　C. 3　　　　　D. Nul

2．判断题

当前程序中有 3 个变量，变量 a=7，b=0，c=−12，运行下图所示代码后，角色会说"你棒极了！"。（　　　）

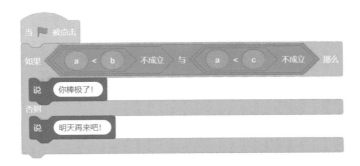

3．编程题

将全班 20 人的身高数据保存在列表"身高数据"中，运行程序，小猫计算后报出本班的最高身高是多少厘米、最矮身高是多少厘米。输出内容为"本班共有 20 名同学，最高身高为 ×× 厘米，最矮身高为 ×× 厘米。"

（1）准备工作

保留默认空白舞台背景和小猫角色，在舞台上新建一个适用于所有角色的列表，并将其命名为"身高数据"，用于存储随机生成的 20 项身高数据，身高范围为 140~175 厘米。

（2）功能实现

运行程序后，小猫直接报出数据。

 15.4　提高扩展

结合上述案例，如果程序判断出身高数据的最大值和最小值后，想让小猫说出的内容为"最高的是 x 号同学，最矮的是 y 号同学"。x 为列表中最大值对应的列表项编号，y 为列表中最小值对应的列表项编号，该如何实现？

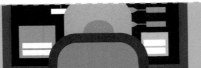

第16课 计费器
——分段计费

你坐过出租车吗？知道出租车是如何计费的吗？出租车通常按照行驶距离进行计费，费用包含一个最小消费额，也就是出租车的起步价，这个起步价通常包含2~3千米的距离，超过这个距离，则在起步价的基础上加后续行驶距离的费用。

事实上，生活中的出租车计费会更复杂，往往需要考虑很多因素。比如，白天和晚上的价格不同，单程和往返乘坐的价格不同，等人、等红绿灯或堵车也需要计费。一个看似简单的出租车计费问题，却包含了很多学问。

 16.1 课程学习

生活中，有很多和出租车计费类似的计费方式，我们需要根据不同条件下的不同计费规则计算费用，例如电话费依据时间段的不同以及通话时长进行计费，水费根据不同阶梯的用量进行计费，快递费根据货物的重量和体积、运送距离进行计费。我们把这类问题叫作分段计费问题。

16.1.1 出租车计费器

1. 搭建行车环境

今天我们用Scratch来模拟出租车的分段计费，制作出租车计费器，如图16-1所示。

在舞台上添加图16-1所示的背景和汽车角色。编写代码，实现利用↑、↓、←、→键控制出租车向前、后、左、右移动。在舞台上添加名为"车费"的变量来输出乘车的费用，并添加"开始计费"按钮角色。用户单击"开始计费"按钮后，

变量"车费"即可显示费用。

图16-1 "出租车计费器"范例作品

利用↑、↓、←、→键控制出租车前进、后退，向左转、向右转的代码如图
16-2 所示。

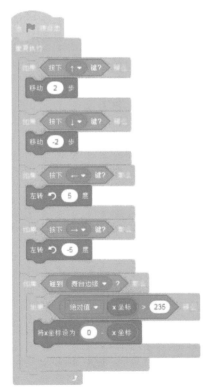

图16-2 利用↑、↓、←、→键控制出租车前进、后退、向左转、向右转的代码

2. 明确计费规则

我们必须要按照规则进行计费，假设出租车的计费方式为：12 元起步，含 2 千米的行驶距离，超过 2 千米后的行驶距离费用为 2.5 元 / 千米；如果出租车在途中等待，累计等待时间小于 5 分钟则不计费，达到 5 分钟计费 1 元，之后每 3 分钟计费 1 元。根据这个计费规则，结合出租车的行驶距离和等待时间就能计算出乘车费用。

出租车的计费需要综合考虑行驶距离和等待时间。分别新建名为"距离"和"时间"的变量，用于存储行驶距离和等待时间。为了模拟出租车的行驶距离和等待时间，在本范例作品中，我们把出租车移动 100 步的距离当作现实中的 1 千米，把 1 秒当作现实中的 1 分钟。

3. 编写代码

当使用↑、↓、←、→键控制出租车在舞台上移动时，需要不断地记录出租车的行驶距离，能否将出租车当前位置与出发位置之间的距离作为行驶距离呢？因为出租车不可能一直沿着直线行驶，所以不能使用这种方法来计算行驶距离。假设我们利用↑、↓、←、→键每次控制出租车移动 2 步，利用变量"距离"将出租车移动的步数进行累加，这样就可以得到出租车的行驶距离，代码如图 16-3 所示。

图16-3　计算出租车行驶距离的代码

4. 获取等待时间

根据计费规则，出租车的等待时间并非是行驶时间，而是出租车累计的等待时间。因此，累加等待时间的代码必须在出租车停止状态下才能进行计时，行驶状态下则不能进行计时。这就需要对出租车的行驶状态进行判断，新建变量"状态"，当出租车行驶时，将变量"状态"的值设为 0。当出租车停止行驶、进行等待时，将变量"状态"的值设为 1。当变量"状态"的值为 1 时，利用变量"时间"进行累加计时。代码如图 16-4 所示。

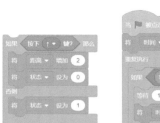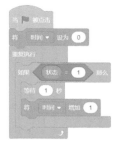

图16-4　计算等待时间的代码

5. 计算费用

成功获取了行驶距离和等待时间，就可以设计计费器了。新建自制积木，将其命名为"计费"。分析规则可知，计费分为距离计费和时间计费两部分，分别新建名为"距离计费"和"时间计费"的两个变量，用于存储相应的计费数值。

首先分析距离计费的问题。行驶距离有两种情况，即大于 2 千米和小于等于 2 千米。行驶距离小于等于 2 千米的费用比较容易计算，费用等于起步价，即 12 元；当行驶距离大于 2 千米时，用行驶距离减去 2 千米，然后再乘以每千米的单价（2.5 元），最后再加上起步价，就得到了相应的计费。计算时需要注意千米数和角色移动步数的换算，两者的比例是 1∶100。

再来分析时间计费的问题。时间费用也有两种情况，等待 5 秒以上的计费、等待 5 秒及以下的计费。循环调用自制积木"计费"，就可以实现计费功能。根据分析，实现出租车计费的代码如图 16-5 所示。

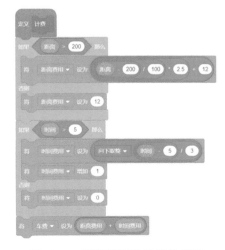

图16-5　实现出租车计费的代码

给"开始计费"按钮添加代码，将变量"距离"和变量"时间"的初始值设为 0，用以重新开始计费，代码如图 16-6 所示。

至此，一个完整的出租车计费器就完成了，运行程序，开动你的出租车，快来试试看！

图16-6　"开始计费"按钮的初始化代码

试一试　生活中，各地出租车的计费规则往往各不相同。了解一下你所在城市出租车的计费规则，进一步完善本范例作品。

想一想　本范例作品制作的是一个实时计费的计费器，在实际生活中，不同出租车的计费规则可能略有差别。例如每 0.5 元，码表跳动 1 次；或者每行驶 1 千米，码表跳动 1 次；还有码表仅显示到小数点后 1 位，请思考在程序中如何实现这些功能。

16.1.2　电费计算器

生产、生活都离不开电。人们在使用电能时需要付费。电费往往采用阶梯电价进行计费，基本规则是用电量越多，费用就越高，以此来鼓励大家节约用电。此外，很多地方同时还采用峰时用电和峰谷用电的分时段计费方式进行计费。

作品预览

1. 明确计费规则

假设某地将峰时用电时间设为每日 8:00—21:00，电价标准为 0.55 元 / 度；将谷时用电时间设为每日 21:00—次日 8:00，电价标准为 0.35 元 / 度。同时还实行阶梯电费计价规则，把居民月用电量分为 3 阶：第一阶为 230 度及以内；第二阶为 231~400 度，在第一阶电价的基础上，每度加价 0.05 元；第三阶为高于

400 度的部分，在第一阶电价的基础上，每度加价 0.3 元。

需要说明的是，各地的收费规则并不相同，所以你可以了解一下当地的电费计价规则。此处我们以上面的计费规则来进行学习。

假设某个家庭 6 月份用电 450 度，处在第一阶的用电量是 230 度，处在第二阶的用电量是 170 度，处在第三阶的用电量是 50 度。在确定了阶梯电量的情况下，同时需要考虑用户峰时和谷时所用电量，假设该用户峰时用电量为 350 度，谷时用电量为 100 度。我们来看一下电费的计算方法。

基本电费 = 峰时用电量 ×0.55+ 谷时用电量 ×0.35=350×0.55+100 ×0.35=227.5（元）

第二阶加价电费 =（400-230）×0.05=8.5（元）

第三阶加价电费 =（450-400）×0.3=15（元）

电费总计 = 基本电费 + 第二阶加价电费 + 第三阶加价电费 =227.5+8.5 +15=251（元）

弄清楚计费规则后，就可以着手编写电费计算器的程序了。

2．输入峰时及谷时用电量

保留舞台默认背景及默认的小猫角色。首先建立变量"峰时用电量"和"谷时用电量"用来存储输入的峰时及谷时用电量。建立"基本电费""加价部分""电费总计"这 3 个变量，并将它们的初始值都设为 0，代码如图 16-7 所示。

图16-7　初始化程序

利用"**询问 ×× 并等待**"积木让用户依次输入峰时用电量和谷时用电量的数值，并依次保存到变量"峰时用电量"和"谷时用电量"中，代码如图 16-8 所示。

图16-8 让用户输入峰时及谷时用电量的代码

3. 计算用电量及费用

输入峰时和谷时用电量后，按照阶梯电费计价的规则，要判断用户所用电量属于哪个阶梯范围。根据如上所述的计费规则，阶梯计费共分为 3 阶，我们先来考虑第一阶的情况。第一阶的用电量在 0~230 度的范围内，电费不需要额外加价，只需要计算基本电费即可。

基本电费等于峰时用电量的费用加上谷时用电量的费用，因为第一阶电费不需要加价，所以我们将变量"加价部分"的值设为 0。变量"电费总计"用来存储基本电费和加价电费的和，计算后小猫角色说出电费的值，代码如图16-9所示。

图16-9 计算第一阶电费的代码

根据以上思路，我们还需要依次判断用电量是否在第二阶和第三阶的范围内，同时还需要计算出相应的加价电费的值。如果用户用电量在第二阶范围内，那么需要加价的费用计算公式为（峰时用电量 + 谷时用电量 − 230）×0.05。当用户用电量超过 400 度时，第二阶和第三阶的用电量都需要进行加价。第二阶的加价费用计算公式为（400 − 230）×0.05，第三阶的加价费用计算公式为（峰时用电量 + 谷时用电量 − 400）×0.3。

根据以上的思路分析，我们可以得到图 16-10 所示的代码。

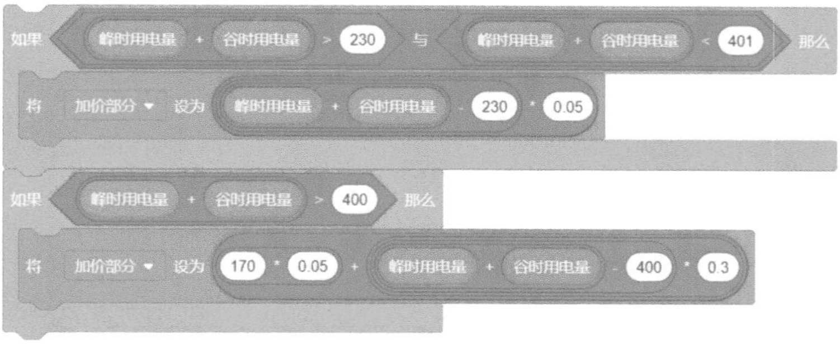

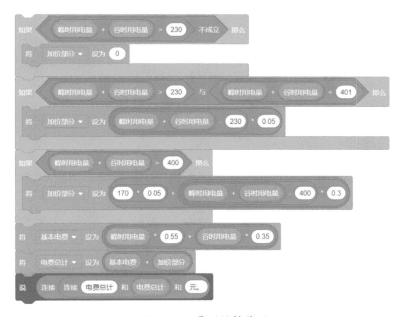

图16-10　第二阶和第三阶用电量判断及加价电费计算代码

程序根据用户输入的峰时和谷时用电量判断满足阶梯电费计价中的哪一阶，计算出相应的加价电费后再加上基本电费，从而得到用户实际的用电费用，代码如图 16-11 所示。

图16-11　费用计算代码

完成判断、计算电费的代码后，将其与输入用电量的代码组合，即可得到完整的程序。

在生活中，电费通常以月为周期进行缴纳，也有的地区两个月缴纳一次。各地的电费计算规则也有所不同，大家可以参考自己所在地的实际收费规则对将本课中的电费计算器的程序进行修改和完善。

16.2 课程回顾

课程目标	掌握情况
1. 了解生活中分段计费的应用和计算方法	☆ ☆ ☆ ☆ ☆
2. 深入掌握运算分类积木的用法	☆ ☆ ☆ ☆ ☆
3. 能够通过编程实现常见的分段计费	☆ ☆ ☆ ☆ ☆
4. 在较复杂逻辑下，能够熟练使用分支嵌套结构进行编程	☆ ☆ ☆ ☆ ☆

 16.3 练习巩固

1. 单选题

某公司固定电话计费规则为：通话前3分钟，每分钟0.22元；以后每分钟0.11元。下图所示代码中的空缺处填入（　　）可以使其根据时长（分钟）计算电话费用。

A. 时间 − 3 ∗ 0.11

B. 时间 ∗ 0.22

C. 时间 − 3 ∗ 0.11 + 0.22

D. 时间 − 3 ∗ 0.22

2. 判断题

某快递公司收费标准为：首重1千克，费用10元，续重每千克2元。下方的代码可以根据物品重量计算出快递费用。（　　）

3．编程题

为鼓励大家节约用水，自来水公司规定：每户每月用水 10 吨以内（含 10 吨）按每吨 1.5 元收费，超过 10 吨的部分按每吨 2.5 元收费。请设计程序，使其能够根据用户输入的水费计算出该用户上月的用水量。

（1）准备工作

保留默认的空白舞台背景和小猫角色。

（2）功能实现

运行程序，小猫询问水费后，报出用水量，如"您上月用水 15 吨"。

 16.4　提高扩展

出租车其实也有夜间收费的规则。例如，某地出租车白天的起步价为 11 元，含 3 千米的行驶距离，超过 3 千米后的距离费用为 2.1 元 / 千米。如果出租车在途中等待，累计等待时间小于 5 分钟则不计费，达到 5 分钟计费 2.1 元。23：00 到凌晨 5：00 为夜间时间，起步价为 14 元，每千米的费用要比白天贵 30%。尝试根据该规则改编出租车计费器的程序。

第17课 来电播报
——数位分离

在日常生活中，手机被人们广泛使用，如今手机越来越智能化，功能越来越丰富。很多手机还具有这样的功能：当有电话拨入时，系统会自动播报来电的号码，例如来电号码是"15800000055"，系统会依次播报手机号码的数字"1、5、8、0、0、0、0、0、0、5、5"。

而且，这种技术在很多行业中也有应用，比如银行、医院的叫号系统等，即把数字和字母依次识别出来，然后对这些数字和字母进行语音播报。今天我们就来学习如何把一组数字按照数位，一位位地分解成单独的数字。

 17.1 课程学习

来电播报的基本原理是将手机号码的一串数字进行分割，形成一个个独立的数字后再进行播报。其中，数位分离是重要的技术之一。

17.1.1 前期准备

保留默认的空白舞台背景，删除小猫角色，在舞台上添加手机角色，并将其造型命名为"默认"，接着复制造型"默认"并将其重命名为"来电"，对造型"来电"进行编辑，在上面输入文字"来电话啦"，如图 17-1 所示。

图17-1　添加手机的两个不同造型

运行程序，将手机角色造型切换成"默认"，当手机角色被点击时，将其造型切换成"来电"并广播消息"来电了"，代码如图 17-2 所示。

图17-2　手机角色的代码

1. 数位分离的基本思路

实现数位分离，首先需要判断这个数的位数，然后根据位数逐一进行分离。分离有两个基本思路，一个是把整个数字当作一个整体的文本，逐一显示每个数字。另一个则是利用数学知识，根据每一数位上的意义，利用求余数的方法，计算该数字除以 10 的余数，余数则是个位上的数字。然后再将刚才整除后的商向下取整，再除以 10 取余数，获得的余数则又是个位上的数字。以此类推，一直到只剩下一位数时，该数则是最高位上的数。

2. 编写代码

第 1 种方法：字符获取法

作品预览

在 Scratch 3 中，可以使用"××**的第 ×× 个字符**"积木获得指定位置的字符。如何才能获取每一个字符呢？首先需要获取字符串的长度，然后利用"**重复执行 ×× 次**"积木逐一进行字符的获取，本范例作品以小猫询问的方式输入手机号码，获取数字的顺序是从左往右。变量"数位"的值循环加 1，用来控制来电号码中从第一位到最后一位的字符串的提取。代码如图 17-3 所示。

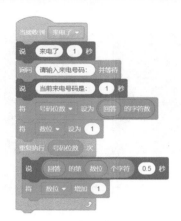

图17-3 逐一说出来电号码的代码

第2种方法：利用数学知识进行数位分离

作品预览

利用数学知识进行数位分离要更复杂一些，我们利用整除10求余数的方法进行数位分离。在这里，我们新建两个中间变量：a和b。变量a用来存储整除后的商，变量b用来存储每次整除后的余数，也就是分离出的个位上的数字。所以我们需要先求余数，即把变量b求出来；然后再把变量a的值改成整除后的商，此时变量a是被除数，接着再进行新一轮的计算即可得到余数和商，直到该数字的位数全部被遍历。

为了确保能够得到整除后的商，需要向下取整，去掉小数部分，保留整数部分。利用整除法进行数位分离的代码如图17-4所示。

图17-4 利用整除法进行数位分离的代码

3．用列表记录数位上的数字

运行程序，你会发现小猫播报的手机号码顺序是反的，它是从最后一位开始播报的，这不符合我们的实际需要。如何将这些分离出来的数字按照手机号码的顺序正确播报呢？我们需要再建立一个列表，将分离出的各数位上的数字保存到该列表中，最后按照正确的顺序从列表中读取数字后再输出。需要注意的是，数字存入列表时是从手机号码的最后一个数字开始写入的，因而从列表中读取数字时需要从列表的最后一项依次向前读取。代码如图 17-5 所示。

图17-5　借助列表正序输出数字的代码

想一想　以上两种解决问题的代码，解决思路有哪些相同的地方，又有哪些不同的地方？结合代码进行比较并思考，你能得到什么启发？

试一试　在本范例作品中，我们让小猫将来电号码分解后再输出，那么如何实现语音播报呢？请大家尝试一下吧！

17.1.2　判断一个数能否被9整除

判断一个数能否被 9 整除，这个问题并不难，大家都知道最常

作品预览

规的方法就是判断这个数除以 9 的余数是否等于 0。如果这个数除以 9 的余数等于 0，那么它肯定能被 9 整除，接下来我们就用程序来进行判断。

1. 前期准备

添加名为"Chalkboard"的舞台背景，并在背景的黑板上添加文字"能被 9 整除的数"。删除默认的小猫角色，添加"Abby"角色，并将角色调整到舞台上合适的位置。如图 17-6 所示。

图17-6　"判断一个数能否被9整除"的舞台效果

2. 利用整除法判断一个数能否被9整除

利用传统方法，根据一个数除以 9 的余数是否等于 0 来判断这个数能否被 9 整除，代码如图 17-7 所示。

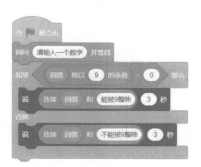

图17-7　利用余数是否等于0来判断一个数能否被9整除的代码

3. 利用各位之和判断一个数能否被9整除

除了根据余数判断外，其实还有一个非常直接的判断方法：把这个数各位数

字相加，如果超过一位就对得出来的数继续重复上述操作，直到得到的数只有一位。如果这一位数是 9，那么这个数就能被 9 整除，否则就不能被 9 整除。例如，27 是一个两位数。个位数字和十位数字相加的结果是 9，那么 27 可以被 9 整除。再如三位数 936，各位数字相加的结果是 18，把 18 各位数字继续相加，得到的结果是 9，则 936 能被 9 整除。四位数 1845，各位数字相加的结果是 18，重复操作继续把 18 各位数字相加，得到的结果是 9，所以 1845 能被 9 整除。

我们先来分析两位数的情况，为了便于后面程序的拓展，我们需要自制积木。新建一个变量"数位和"，用来存储两个数位上的数字之和。

在这个代码中，我们需要先把每位上的数字读取出来，然后进行累加求和。由于是两位数，所以我们需要累加 2 次，因此循环 2 次即可。累加求和后，我们依然采用判断数字和是否为 9 的方法进行判断。代码如图 17-8 所示。

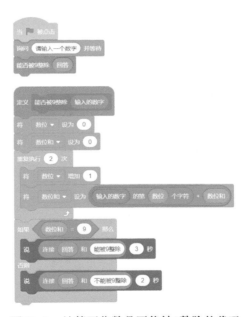

图17-8　计算两位数是否能被9整除的代码

仔细观察图 17-8 所示代码，你会发现它有一个漏洞：如果输入的两位数的各位之和大于 9，该如何判断呢？比如 99，明显是可以被 9 整除的，但是根据图 17-8 所示代码判断出来的结果是错误的。针对这种情况，我们可以继续思考。当变量"数位和"的值的位数大于 2 时，我们需要再次进行读取、求和运算，直到变量"数位和"的值的位数为 1 为止，代码如图 17-9 所示。

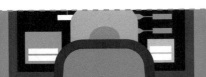

图17-9　解决变量"数位和"大于9的情况的代码

4. 判断多位数是否能被9整除

根据图 17-8 所示代码，我们把循环重复的次数由 2 次改为多位数的位数，也就是参数"输入的数字"的字符数就可以了。代码如图 17-10 所示。

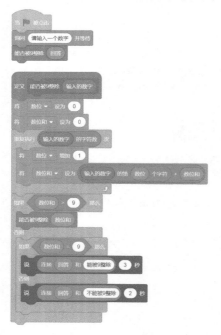

试一试

能被 7 整除的数也具有显著的特征，若将一个整数的个位数字截去，再从余下的数中减去个位数的 2 倍，如果差是 7 的倍数，则原数能被 7 整除。例如，判断 133 是否 7 的倍数的过程如下：$13 - 3 \times 2 = 7$，所以 133 是 7 的倍数。请尝试编程实现判断过程。

图17-10　判断多位数是否能被9整除的代码

17.2 课程回顾

课程目标	掌握情况
1. 了解数位分离的原理，能够通过编程实现数位分离	☆ ☆ ☆ ☆ ☆
2. 掌握能被 9 整除的数字的特点	☆ ☆ ☆ ☆ ☆
3. 在较复杂逻辑下，能够熟练使用分支嵌套结构进行编程	☆ ☆ ☆ ☆ ☆
4. 巩固自制积木的应用，理解自制积木的嵌套	☆ ☆ ☆ ☆ ☆

 17.3 练习巩固

1．单选题

运行下图所示代码，角色说出的数值为（　　　）。

　　A. 67　　　B. 68　　　C. 2　　　D. 1

2．判断题

用整除的方法获取某数各个数位上的数字，除数是 10，商是每个数位上的数字。（　　　）

3．编程题

程序开始后，先要求输入一个不超过 10 000 的多位数，例如输入"1785"，程序会自动将这个多位数的数位进行反向调换，即将 1785 转换成 5871。请你尝试编程实现上述功能。

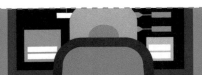

第 18 课　春游与植树
——数的判断

　　某小学的五年级举行"春游植树活动"，学校要求学生以小组的形式参加。每个班的人数不同，但是要求每个小组的人数必须相同（不能跨班组合），请问最少需要成立多少个小组？每个小组多少人？

　　这里会涉及数学知识，相信大家应该都学习过关于质数、公倍数、公因数的知识，接下来请你运用这些知识来解决这个问题。

 18.1　课程学习

　　先来复习一下相关概念。质数是指在大于 1 的自然数中，除了 1 和它本身以外没有其他因数的自然数。两个或多个整数公有的倍数叫作它们的公倍数，其中除 0 以外最小的公倍数是它们的最小公倍数。公因数也称为"公约数"，它是一个能被若干个整数同时整除的整数。如果一个整数同时是其他多个整数的约数，那么就把这个整数叫作它们的"公因数"，公因数中最大的数叫作最大公因数。

18.1.1　前期准备

　　删除默认的空白舞台背景和小猫角色，添加名为"Pathway"的舞台背景和"Abby"角色，"Abby"是本次活动的教官，将她放置在舞台中的合适位置，如图 18-1 所示。

图18-1　"春游与植树"范例作品

作品预览

18.1.2 分组问题

1．输入班级人数

运行程序，"Abby"进行询问，用户输入各个班级的人数。假设五年级有3个班级，分别新建变量"一班人数""二班人数"和"三班人数"，将每次输入的班级人数分别保存到这3个变量中。代码如图 18-2 所示。

图18-2　输入班级人数的代码

2．问题解决思路

根据题意，我们可以发现这是一个寻找最大公因数的题目，这里我们可以利用拆分法，将计算最大公因数的过程拆分成下面几个步骤。

（1）判断这3个数是否为质数。

（2）求出这3个数中的最小值。

（3）计算这3个数的最大公因数。

为什么要拆分成上面的几个步骤呢？这与我们的算法有关系，求最大公因数的算法有很多，在这里采用穷举法，也就是在 1 和最小数之间找到能被这 3 个数整除的最大数。

3．判断3个数是否为质数

之所以判断这 3 个数是否为质数，是因为在这 3 个数中只要有两个数是质数，那么最大公约数只能是 1，这时候就无法进行分组，所以在分组前需要进行判断。这里，我们首先考虑 3 个班级的人数都不是质数的情况。

判断一个数是否为质数的方法比较简单，根据质数的性质，我们知道它只能被 1 或者该数字本身整除，代码图 18-3 所示。

图18-3　判断一个数是否为质数的代码

我们直接从 2 开始，直到除数等于 number-1，也就是比数字本身小 1 的数字。只要有一次被整除，那么这个数一定是合数，就停止全部脚本。否则，这个数一定是质数。因为此处考虑班级人数不是质数，所以如果该数是质数、0 或负数，那么都不能进行分组，所以，在代码里增加了 **"停止全部脚本"** 积木，以便重新开始。

为了使用方便，我们将其定义为自制积木。这样，每当我们输入一个班级人数时，就可以进行一次判断。代码如图 18-4 所示。

图18-4　判断每个班级人数是否为质数的代码

4．求3个数中的最小值

求 3 个数中的最小值的方法有很多。新建变量"最少人数"，用来记录每次比较后的最小值。

首先，对一班和二班的人数进行比较，把最小值保存到变量"最少人数"中，然后再对变量"最少人数"的值和三班的人数进行比较，再把较小的数保存到变量"最少人数"中，代码如图 18-5 所示。

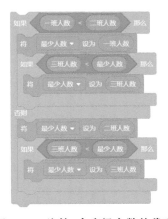

图18-5　比较3个班级人数的代码

将图 18-5 所示代码补充到图 18-4 所示代码的后面，就可以实现对输入班级人数的初步判断。

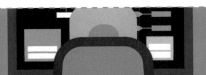

青少年软件编程基础与实战（图形化编程四级）

5. 求3个数的最大公因数

求最大公因数最简单的方法就是从 1 开始，逐一判断该数能否同时被这 3 个数整除，如果可以，则记录下来。为了方便，我们将前面的代码改为自制积木，代码如图 18-6 所示。

图18-6 求3个班级中最少人数的代码

调用自制积木"求最小数"，并计算最大公因数的代码如图 18-7 所示。

图18-7 求3个数最大公因数的代码

160

6. 计算小组数

求出最大公因数，我们就可以计算出 3 个班级一共需要组建多少个小组了。因为每个小组的人数就是最大公因数，所以用 3 个班级的总人数除以最大公因数就是 3 个班级一共分成的小组数量，代码如图 18-8 所示。

图18-8 求小组数量的代码

将图 18-8 所示代码添加到图 18-7 所示代码的后面，就形成了完整的代码。

试一试 上面的代码存在一个漏洞，如果 3 个班级中有一个班的人数是质数，而其他两个班的人数刚好又是该质数的倍数，这种情况也是可以分组的。请你修改上面的代码，从而弥补漏洞。

想一想 为什么求最少需要分多少组，我们却求最大公因数呢？你能说一说原因吗？

18.1.3 植树问题

作品预览

完成分组后，教官要求各个班级按照小组开展植树活动，要求每人至少植 1 棵树，并且每班植树的数量要相等。请问：每个班级至少要植多少棵树？

根据题意，我们知道这个问题可以转化为计算最小公倍数的问题。

1. 建立求最大公因数的自制积木

保留默认的空白舞台背景和小猫角色。为了方便调用，我们将前面计算最大公因数的代码改为自制积木，如图 18-9 所示。

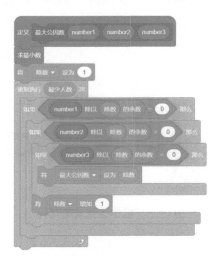

图18-9　求最大公因数的代码

限于篇幅限制，图18-9所示的代码中嵌套了3个条件判断积木，同学们也可以使用一个条件判断积木并结合"××与××"积木进行判断。

2．修改分组代码

由于将求最大公因数的代码修改为自制积木，那么求分组数量的代码同样需要修改，修改后的代码如图18-10所示。

图18-10　求分组数量的修改代码

3．求最小公倍数

根据题意，每个班级需要植树的数量相等，并且求至少植多少棵，其实就是求3个数的最小公倍数。那如何求3个数的最小公倍数呢？

我们根据两个数的最小公倍数与最大公约数之间的关系可以得出下面的公式：最小公倍数=（第1个数÷最大公约数）×（第2个数÷最大公约数）×最大公约数。

但是，本题求的是 3 个数的最小公倍数，我们可以先求出 3 个数中的最大值。求最大值的方法可以参考前面求最小值的方法，代码如图 18-11 所示。

图18-11　求3个数中最大值的代码

将最大值乘以 1，然后再除以剩余的两个数，看是否都能整除，如果均能整除，则说明该数是最小公倍数；如果不能整除，则继续乘以 2，以此类推。这种方法也是穷举法的一种，代码如图 18-12 所示。

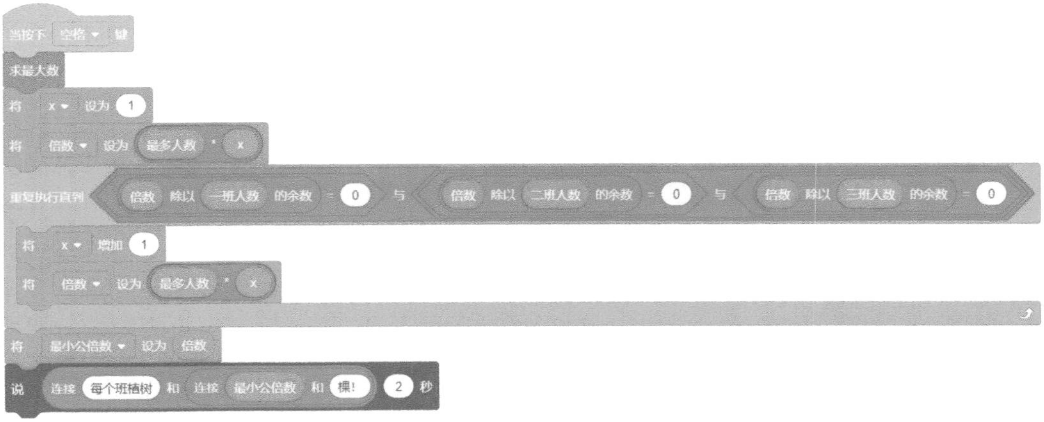

图18-12　求最小公倍数的代码

试一试

求两个数的公约数及公倍数的方法，除了本范例作品中介绍的穷举法之外还有很多方法，比如欧几里得法，又称作辗转相除法。

这个方法基于一个定理：两个正整数 *a* 和 *b*（*a*>*b*），它们的最大公约数等于 *a* 除以 *b* 的余数 *c* 和 *b* 之间的最大公约数。比如 10 和 25，25 除以 10 商 2 余 5，那么 10 和 25 的最大公约数等于 10 和 5 的最大公约数。

基于上述定理，我们先计算出 *a* 除以 *b* 的余数 *c*，把问题转化成求 *b* 和 *c* 的最大公约数。然后计算出 *b* 除以 *c* 的余数 *d*，把问题转化成求 *c* 和 *d* 的最大公约数。再计算出 *c* 除以 *d* 的余数 *e*，把问题转化成求 *d* 和 *e* 的最大公约数……以此类推，逐渐把两个较大整数之间的运算简化成两个较小整数之间的运算，直到两个数可以整除，或者其中一个数减小到 1 为止。代码如图 18-13 所示。

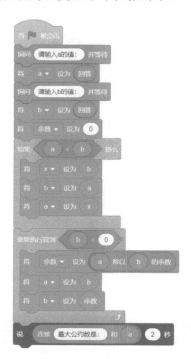

图18-13　用欧几里得法求最大公约数的代码

想一想

除了这些算法之外，还有哪些关于最大公约数、最小公倍数的算法？想一想，这些算法有着怎样的内在联系？

18.2 课程回顾

课程目标	掌握情况
1. 掌握质数、合数、最小公倍数、最大公约数的相关概念和特征	☆ ☆ ☆ ☆ ☆
2. 能够通过编程判断一个数是否是质数	☆ ☆ ☆ ☆ ☆
3. 熟练使用较复杂的自制积木解决问题	☆ ☆ ☆ ☆ ☆
4. 掌握求最小公倍数、最大公因数的方法	☆ ☆ ☆ ☆ ☆
5. 理解质数、最小公倍数、最大公因数的内在联系	☆ ☆ ☆ ☆ ☆

18.3 练习巩固

编程题

运行程序后,要求依次输入多个数字,输入 q 代表输入数字结束。比如:第 1 次输入的数字是 68,第 2 次输入的数字是 86,第 3 次输入的数字是 100,第 4 次输入的数字是 120,第 5 次输入 q,则完成输入。此时一共输入了 86、68、100、120。计算出这些数的最小公倍数和最大公约数,并将其输出。

第19课 国王发金币
——神奇的数列

数列在数学学习和生活中可以经常接触到，例如，我们常见的自然数就是一个数列。0，1，2，3，4，5……就是一个简单的数列。在自然数数列中，后一个数总比前一个数大1。数列中的数往往都有着特殊的关系，今天我们就一起来探究数列。

 19.1 课程学习

我们把按一定次序排列的数叫作数列，数列中的每一个数都叫作这个数列的项。排在第1位的数称为这个数列的第1项，通常也叫作首项。排在第2位的数称为这个数列的第2项，以此类推，排在第 n 位的数就叫作这个数列的第 n 项。

19.1.1 奇特的工资制度

喵王国的猫国王给猫大臣发工资是按天计算的，但是他使用的工资制度非常奇特，从猫大臣没有偷懒或者犯错的当天开始，第一天的工资是1枚金币，第二天的工资是3枚金币，第三天的工资是5枚金币……如果猫大臣偷懒或出现犯错的状况，那么当天的工资数就会清零，不发工资，第二天重新开始计算工资。请大家编写程序，计算经过一定天数后某名猫大臣能够得到的工资。

1. 前期准备

在舞台上添加名为"Castle"的背景，保留默认的小猫角色，将其作为猫国王，在小猫的头上绘制一个简易的王冠。添加名为"Cat 2"的角色作为猫大臣，

如图 19-1 所示。

图19-1 "国王发金币"范例作品

运行程序后，舞台中弹出对话框，猫国王说："你今天的工作情况怎样呀？"猫大臣回答："报告陛下，今天的任务都完成了，抓了 3 只老鼠！"接着猫国王对猫大臣连续工作了多少天进行询问。代码如图 19-2 所示。

图19-2 猫国王和猫大臣对话的代码

2. 编写工资代码的思路

根据工资制度，我们发现工资的数值具有一定的规律，即后一天的工资都比前一天的工资多 2 枚金币，也可以理解为这个数列从第 2 项开始，每一项的值都比前一项的值大 2，我们把这样的数列叫作等差数列。在这个等差数列中，首项为 1，数列的项数就是天数，末项则是当天的工资。后一天工资比前一天工资多的部分叫作公差。

根据等差数列的特点，我们可以得出公式：末项 = 首项 +（项数 −1）× 公差。同时，我们也可以利用下面的公式对等差数列进行求和计算：数列和 =（首项 + 末项）× 项数 ÷2。

根据上面的公式，我们可以求出猫大臣当日的工资，当日的工资就是求数列的末项，思路如下。

（1）确定工资数列的公差。

（2）确定天数，然后求出最后的末项，即当日的工资数。

3. 求当日的工资数

根据上述思路及工资制度，我们可以得出公差为2，首项为1。计算当日工资的代码如图19-3所示。

作品预览

图19-3　求当日工资的代码

4. 求总工资

连续工作很多天后，如果猫国王想了解某名猫大臣一共获得了多少枚金币，该如何计算呢？

作品预览

根据题意，我们发现这个问题其实就是求等差数列的和。根据公式数列和 =（首项 + 末项）× 项数 ÷ 2，这需要分两步来进行。第一步需要求出末项的值，也就是最后一天的工资，然后再求出从第一天到最后一天的和。求工资之和的代码如图19-4所示。

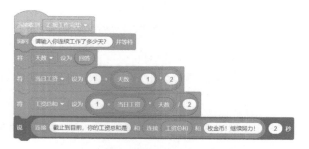

图19-4　求工资之和的代码

5. 计算工作天数

经过一段时间，猫国王想了解某名猫大臣的收入情况。猫大臣说："报告陛下，我获得的金币总数是 156 枚，已经连续辛勤工作

作品预览

了好几天了。"你能帮助猫国王计算出这位猫大臣连续工作的天数吗？

这个问题其实是求数列的项数，求项数有以下两种情况：一种是知道了末项的值求项数，另一种是知道了数列的总和求项数。根据公式我们可以推导出：项数 =(末项 − 首项)÷ 公差 +1。代码如图 19-5 和图 19-6 所示。

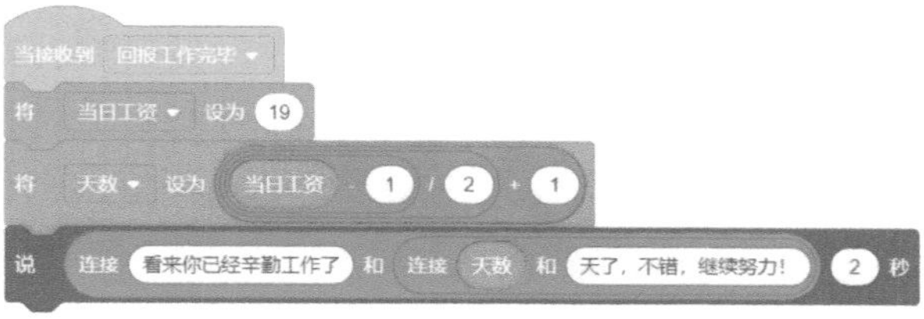

图19-5　求项数的代码（猫国王角色）

图19-6　求项数的代码（猫大臣角色）

> **试一试**
>
> 猫国王想改变工资制度，他提高了第一天工资的金币数量，第二天的工资依然比前一天工资多 2 枚金币。有一位猫大臣连续工作了 7 天，当天获得了 19 枚金币，请你计算出猫国王设定的第一天的工资是多少枚金币。

> **想一想**　在等差数列中，如果只知道首项、公差和总和，能否计算出项数？

19.1.2　捐工资

喵王国发生了灾患，但是猫国王决定依然给大臣们发工资。不过　**作品预览**
工资制度进行了修改：第一天发 1 枚金币，第 2 天发 3 枚金币，第 3 天要捐出 5 枚金币，第 4 天发 7 枚金币，第 5 天发 9 枚金币，第 6 天捐出 11 枚金币……按照这个工资制度发放 30 天工资，你能计算出某名猫大臣 30 天后的收入是多少吗？

1. 分析解题思路

保留上例中的舞台背景和角色。按照上述的工资制度，我们可以将猫大臣获

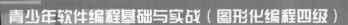

得的金币用正数表示，捐出的金币用负数表示。

1，3，-5，7，9，-11，13，15，-17，19，21，-23……

如果只看金币的数量，我们可以发现金币数依然是一个等差数列。并且第3天、第6天、第9天，即天数是3的倍数的日子，猫大臣需要捐出工资。也就是说，我们首先需要判断天数是否为3的倍数，以此来确定是否要捐出当日的工资。

新建变量"天数""收入"和"当日工资"，变量"收入"用来累加每天的工资，即累加变量"当日工资"的值。当天数不是3的倍数时，累加正值；当天数是3的倍数时，累加负值。代码如图19-7所示。

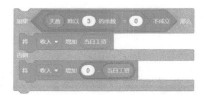

图19-7　判断天数并累加工资的代码

2. 编写完整代码

将变量"天数""当日工资"和"收入"的初始值均设为1，利用"**重复执行××次**"积木重复执行29次，即在第1天的基础上，再计算29天的工资。计算30天收入的完整代码如图19-8所示。

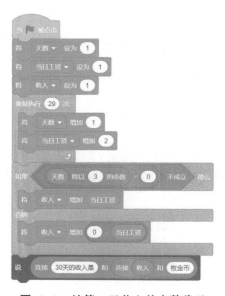

图19-8　计算30天收入的完整代码

想一想 等差数列在生活中还有哪些应用？你有没有发现它们内在的规律？

19.2 课程回顾

课程目标	掌握情况
1. 了解等差数列的基本特征，理解等差数列首项、末项和项数的关系	☆ ☆ ☆ ☆ ☆
2. 掌握等差数列末项、和的计算方法	☆ ☆ ☆ ☆ ☆
3. 熟练使用 Scratch 中的运算分类积木并能够进行复杂的混合运算	☆ ☆ ☆ ☆ ☆
4. 能够列举生活中体现等差数列的例子	☆ ☆ ☆ ☆ ☆

19.3 练习巩固

1. 单选题

运行下列代码后，可以生成等差数列的是（　　）。

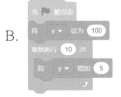

2．判断题

运行下图所示的代码，可以计算出 1~100（包括 1 和 100）所有偶数的和。
（　　）

3．编程题

一位设计师要设计一个大礼堂，用户需要输入 3 个参数，分别为第一排座位的数量、每排比前一排多的座位数量、最后一排的编号（也就是一共有多少排），请编程计算出最后一排有多少个座位、整个礼堂一共有多少个座位。

第 20 课　模拟摸球实验 —生活中的概率

概率，可以用来反映随机事件出现的可能性大小。随机事件是指在相同条件下，可能出现，也可能不出现的事件。

 20.1　课程学习

在生活中，很多事情涉及概率问题。大家比较熟悉的有抛硬币游戏，抛很多次后，你会发现硬币正面朝上的次数和反面朝上的次数比较接近。还有超市举办的抽奖活动，参与抽奖的顾客会比较关心中奖的概率是多少。这些都体现了生活中的概率问题。今天我们将制作"模拟摸球实验"范例作品，以此验证生活中的概率问题。

20.1.1　前期准备

本范例作品中的舞台背景和角色可以从背景库和角色库中选择，具体操作步骤如下。

（1）保留默认的空白舞台背景。

（2）删除默认的小猫角色，从角色库中添加"Gift"角色，并设置角色大小为 300，如图 20-1 所示。

图20-1 "模拟摸球实验"范例作品

20.1.2 模拟等可能随机摸球实验

作品预览

某超市举行周年店庆活动，顾客每笔消费满 88 元就可以参与一次摸球抽奖活动。箱子中有 100 个球，其中有 50 个红球、50 个白球，摸中红球表示中奖，摸完的球要放回箱子里。顾客摸出的球可能是红球也可能是白球，这种可能发生也可能不发生的事件，叫作随机事件。并且摸中红球和摸中白球的概率都是 50%，我们把这一类的随机事件叫作等可能随机事件。

今天我们就用 Scratch 来模拟这个摸球抽奖活动，具体操作步骤如下。

（1）新建列表"球箱"，用于保存 100 个球，列表的值为 50 个"白球"和 50 个"红球"，代码如图 20-2 所示。

图20-2 为列表"球箱"赋值的代码

（2）利用"**在 ×× 和 ×× 之间取随机数**"积木产生 1~100 的随机数，然后直接说出随机数对应的列表项，就可以显示摸球的结果，代码如图 20-3 所示。

记录摸中红球和白球的次数，计算中奖概率。

图20-3 显示摸球结果的代码

（3）记录摸中红球和白球的次数，计算中奖概率。新建3个变量："红球""白球"和x。变量"红球"和变量"白球"用来保存每次摸球的结果，变量x用来保存产生的随机数。接着对摸球的结果进行判断，如果是红球则变量"红球"的值加1，如果是白球则变量"白球"的值加1。将变量"红球"和变量"白球"的初始值都设为0，再为列表"球箱"进行初始化设置。代码如图 20-4 所示。

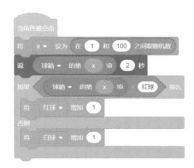

图20-4 记录摸球结果的代码

想一想 为什么要新建一个变量 x 来保存产生的 1~100 的随机数呢？

试一试 在大量的重复实验中，摸中红球和白球的次数是一样的吗？这些数据有什么规律呢？多次运行这个程序，并将把每次的数据记录在表20-1 中。

表 20-1 抽奖结果记录表

重复次数	红球	白球	摸中红球的概率

作品预览

修改图 20-3 所示的代码，实现角色询问"请输入摸球的次数："后，用户输入多少次，则模拟摸球多少次。

20.1.3 模拟不等可能随机摸球实验

如果中奖率只有 50%，顾客的参与度并不会很高。超市为了吸引更多顾客前来购物并参与摸球抽奖活动，于是对抽奖规则进行了调整，把中奖的概率提高到 100%，其中一等奖占 1%，二等奖占 3%，三等奖占 6%，纪念奖占 90%，在每个球上标示出相应的奖项。修改规则后，每个奖项中奖的概率都不一样，像这样的随机事件，我们把它叫作不等可能随机事件。

按照超市调整后的规则，我们在 Scratch 中来模拟这个抽奖活动。首先需要对列表"球箱"进行赋值，代码如图 20-5 所示。

图20-5 为列表"球箱"赋值的代码

提高中奖率之后，参与摸球抽奖活动的顾客变多了，但是又出现了新的问题：在一天中，可能有很多人都中了一等奖，但有时又有很多人仅仅中了纪念奖。有什么办法可以避免出现这种情况呢？

如果要避免出现这种情况，就需要对奖品的总数进行控制，并且还需要调整规则。要求顾客每次摸出的球不能放回箱子中，这样总的奖项就可以控制了。如果要在 Scratch 中实现这个功能，只要把抽中的相应项从列表中删除即可。代码如图 20-6 所示。

图20-6 删除摸中的球的代码

经过调整，出现的问题就迎刃而解了。但是在使用的过程中又遇到了新的问题：有时活动才刚刚开始，大奖就被别人摸走了，后面的顾客就没有了参与活动的兴趣。超市作为活动的举办方，希望在总的中奖概率还是100%的前提下，每个时间段都能送出相应的奖品。每摸球10次，会在一、二、三等奖中任意抽出一个，并且一等奖会在稍后的时间段抽出。这样会吸引更多的顾客参与抽奖，顾客的积极性和关注度便会提高。针对超市提出的这个方案，你能否在Scratch中实现？

如果要满足超市的要求，可以绑定抽奖次数和奖品，分段进行抽奖，同时也能保证抽选奖品的数量。按照这个思路，具体操作步骤如下。

（1）将所有的奖项都保存在列表"球箱"中。一、二、三等奖分散保存，每隔10项出现一个，并且一等奖要靠后出现。代码如图20-7所示。

想一想 将一、二、三等奖插入列表中，可以不用"**在××和××之间取随机数**"积木实现吗？能不能在固定位置插入，比如5、15、15……这样对抽奖结果有没有影响？

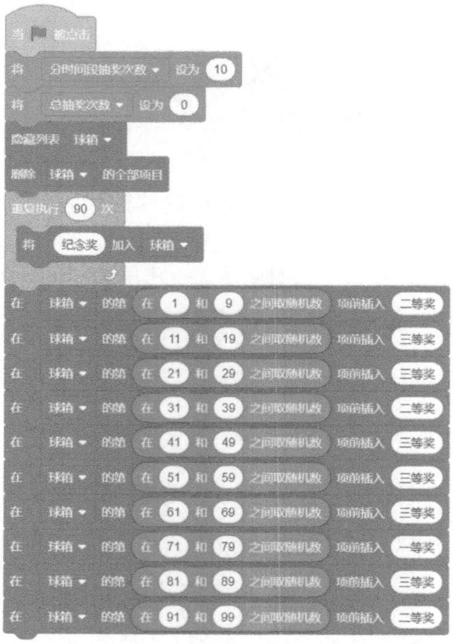

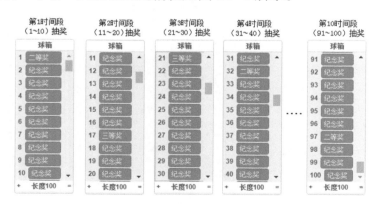

图20-7　分散保存一、二、三等奖的代码

（2）设置按时间段开奖。一共设置10个时间段，每个时间段进行10次抽奖，抽完10次才能放入下一个时间段的奖项。通过变量"总抽奖次数"对抽奖次数进行控制，将其初始值设为0，每抽一次奖，变量"总抽奖次数"的值就加1，当变量"总抽奖次数"的值能被10整除时，就进行下一个时间段的抽奖。不同时间段列表"球箱"奖项设置的情况如图20-8所示。

図20-8　不同时间段列表"球箱"奖项设置的情况

从中可以看出，每次抽奖之后会删除相应的列表项，该项后面的项会直接向前移，每个时间段，我们都是对列表的前10项进行操作。因此，还需要用变量"分

时间段抽奖次数"来控制每个时间段抽奖的次数,将其初始值设为10,每抽一次奖,该变量的值减1。代码如图20-9所示。

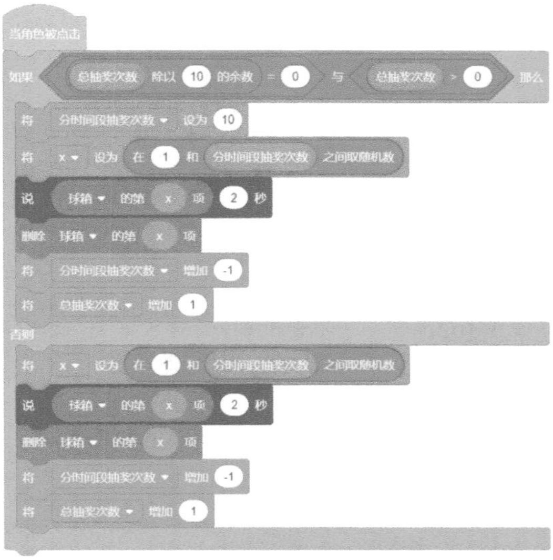

图20-9 按时间段抽奖的代码

经过多次优化,可以实现总的中奖概率是100%,同时还能够适当地控制抽奖,更好地提高顾客抽奖的热度。你们发现编程的魅力了吗?只要用心思考,生活中的很多问题都能通过编程解决!

20.2 课程回顾

课程目标	掌握情况
1. 了解生活中的概率问题,能够区分等可能随机事件和不等可能随机事件	☆ ☆ ☆ ☆ ☆
2. 灵活运用"**在 ×× 和 ×× 之间取随机数**"积木,巩固列表中数据的增、删、改、查	☆ ☆ ☆ ☆ ☆
3. 提升逻辑思维能力与创造力,培养计算思维	☆ ☆ ☆ ☆ ☆
4. 能够联系生活,通过编程解决生活中的问题	☆ ☆ ☆ ☆ ☆

青少年软件编程基础与实战（图形化编程四级）

 20.3 练习巩固

1．单选题

（1）下列选项中，生成不同随机数最多的是（　　）。

A. 在 -5 和 0 之间取随机数　　　B. 在 -10 和 0 之间取随机数

C. 在 -3 和 3 之间取随机数　　　D. 在 0 和 1.0 之间取随机数

（2）下列哪个选项不能为列表"球箱"增加 1 条记录？（　　）

A. 将 东西 加入 球箱　　　　　　B. 在 球箱 的第 1 项前插入 东西

C. 将 球箱 的第 1 项替换为 东西　D. 在 球箱 的第 1 和 5 之间取随机数 项前插入 东西

2．判断题

建立的列表只能在一个角色中调用，其他角色不能调用。（　　）

3．编程题

编写一个猜石头、剪刀、布的游戏，并算出石头、剪刀、布出现的概率。

（1）准备工作

保留默认的空白舞台背景，删除小猫角色，添加一个新的角色，造型为石头、剪刀、布。

（2）功能实现

当点击角色时，舞台上会随机出现石头、剪刀、布中的任一个造型，程序及时记录石头、剪刀、布出现的次数，并计算每种情况出现的概率。

 20.4 提高扩展

对本范例作品程序进行完善，使其能够更直观地显示抽奖结果，设定各个奖项对应的物品。比如抽中的是一等奖，那么直接显示一等奖对应的奖品；如果抽中的是二等奖，那么直接显示二等奖对应的奖品……

第21课　鸡兔同笼 ——程序优化

鸡兔同笼是中国古代著名趣题之一。大约在 1500 年前，《孙子算经》中就记载了鸡兔同笼的问题。书中是这样叙述的："今有雉兔同笼，上有三十五头，下有九十四足，问雉兔各几何？"意思是：有若干只鸡和兔同在一个笼子里，从上面数有 35 个头，从下面数有 94 只脚，问笼中各有几只鸡和几只兔。

 21.1 课程学习

大家以前可能都接触过鸡兔同笼问题，并且已经掌握了如何运用数学方法求解，今天我们将运用不同的算法来解决鸡兔同笼问题。

21.1.1　用多种算法解决鸡兔同笼的问题

1. 最直观的方法——"列表法"

我们可以分别列出鸡和兔的只数，从而得出鸡和兔的脚数，然后判断脚的总数是否等于 94。根据表 21-1 就可以找出答案：鸡有 23 只，兔有 12 只。

作品预览

表 21-1　鸡兔只数和列表

鸡	35	34	33	32	31	30	29	28	27	26	25	24	23	…
兔	0	1	2	3	4	5	6	7	8	9	10	11	12	…
脚	70	72	74	76	78	80	82	84	86	88	90	92	94	…

根据分析，利用 Scratch 解决鸡兔同笼问题需要新建 3 个列表，分别新建列

表"鸡""兔"和"脚"，用来存储鸡的只数、兔的只数以及兔和鸡的脚数之和。将列表"鸡"的第 1 项的值设为 35，列表"兔"的第 1 项的值为 35 减去鸡的只数。列表"脚"的第 1 项的值即为列表"兔"的第 1 项的值乘以 4 再加上列表"鸡"的第 1 项的值乘以 2。代码如图 21-1 所示。

图21-1　计算列表"脚"的值的代码

重复执行，对列表"脚"的第 1 项的值进行判断，如果其值等于 94，则满足题目要求，退出循环。如果不满足题目要求，每次将列表"鸡"的第 1 项的值减 1，重新插入列表"鸡"的第 1 项之前，成为新的第 1 项，然后将列表"兔"和列表"脚"与之对应的值计算出来，并将结果插入列表"兔"和列表"脚"的第 1 项之前，用"列表法"求解的代码如图 21-2 所示。

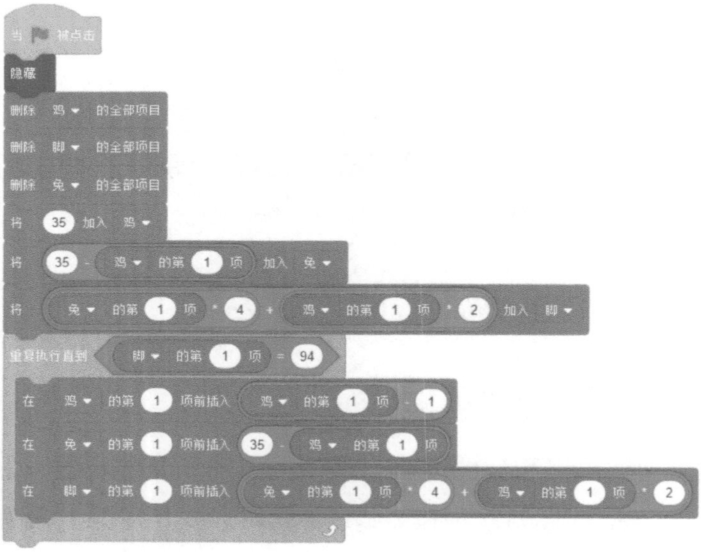

图21-2　用"列表法"求解的代码

2. 最酷的方法——"金鸡独立法"

假设让每只鸡只用 1 只脚站立，每只兔都用两只后脚站立，那么地上的总脚数应该是原来脚数的一半，即 47（94÷2）只。然后让鸡和兔分别再抬起 1 只脚，这时鸡就坐在了地上，剩余 1 只脚是兔子的脚，即

作品预览

兔子只数为 12（47-35）只。因此鸡的只数为 23（35-12）只。

　　根据分析，在Scratch中新建4个变量"鸡""兔""头"和"脚"，变量"头"和变量"脚"的值是题目中的已知条件。将变量"头"的初始值设为35，将变量"脚"的初始值设为94。鸡和兔的数量是未知的，因此将变量"鸡"和变量"兔"的初始值均设为0。用"金鸡独立法"求解的代码如图21-3所示。

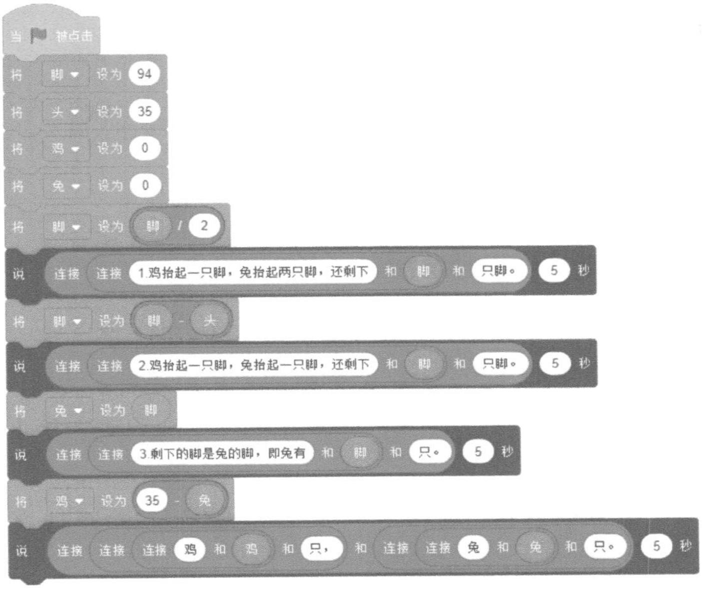

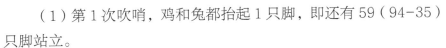

图21-3　用"金鸡独立法"求解的代码

3．最有趣的方法——"吹哨法"

作品预览

　　假设鸡和兔都接受过特殊训练，能够根据哨声做出相应的动作。

　　（1）第1次吹哨，鸡和兔都抬起1只脚，即还有59（94-35）只脚站立。

　　（2）第2次吹哨，鸡和兔分别再抬起1只脚，即还有24（59-35）只脚站立。这时鸡坐在了地上，只有兔还有两只脚立着，所以24只脚都是兔的脚。

　　（3）第3次吹哨，兔再抬1只脚，此时每只兔只有1只脚站立，因此兔的只数和此时的脚数相等，即兔的只数为12（24÷2）只。

　　（4）那么鸡有23（35-12）只。

　　根据分析，"吹哨法"和"金鸡独立法"一样，同样新建4个变量"鸡""兔""头"和"脚"，变量初始值的设置和"金鸡独立法"的代码相同。区别是每次吹哨，

变量"脚"的值在变化。用"吹哨法"求解的代码如图21-4所示。

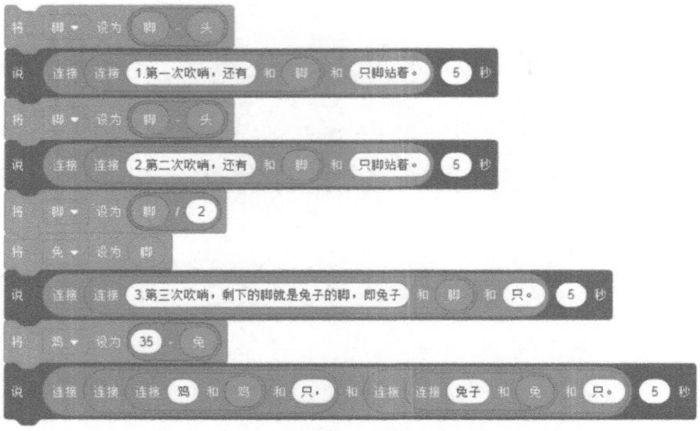

图21-4　用"吹哨法"求解的代码

4. 最常用的方法——"假设法"

假设全部都是兔，则有140只脚。脚的数量比实际多，多了46（140−94）只。如果把1只兔变成1只鸡，那么就会少2只脚，一共减少46只脚，所以需要23（46÷2）只兔变成23只鸡，因此鸡有23只，兔有12只。

作品预览

根据分析，这种思路需要假设脚的只数，所以除了"金鸡独立法"中新建的4个变量外，此方法还需要增加一个变量"假设脚"，并将其初始值设为变量"头"的值乘以4，其他变量初始值的设置和"金鸡独立法"中的设置相同。用"假设法"求解的代码如图21-5所示。

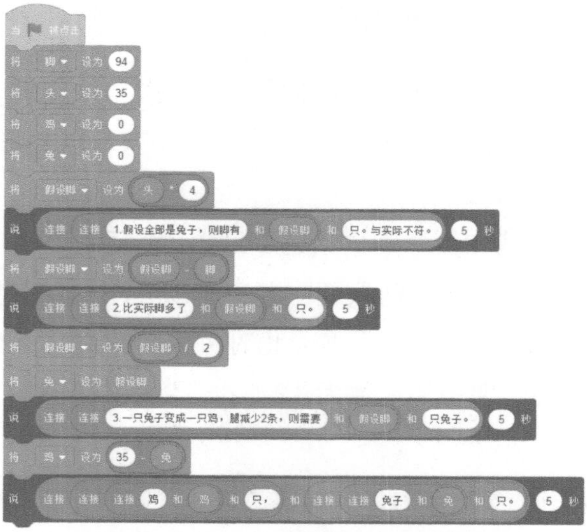

图21-5　用"假设法"求解的代码

5. 最万能的方法——"方程法"

作品预览

假设鸡的数量为 x 只，则兔有（$35-x$）只，根据等量关系得到一元一次方程：$2x+4（35-x）=94$。解出 $x=23$，所以鸡有 23 只，兔有 12 只。

根据上述分析，只需要解出一元一次方程即可。新建变量"鸡"和"兔"，将变量"鸡"的初始值设为 1，变量"兔"的初始值设为（35- 鸡）。变量"鸡"的值循环加 1，直到满足方程等式即可退出循环。用"方程法"求解的代码如图 21-6 所示。

图21-6　用"方程法"求解的代码

想一想　除了以上 5 种解决鸡兔同笼问题的方法外，你还能想出其他的方法来解决这个问题吗？

21.1.2　程序优化分析

以上 5 种方法是常用的解决鸡兔同笼问题的方法。

"列表法"解题思路简单、容易理解，但过程太过烦琐。"金鸡独立法""吹哨法"和"假设法"都是通过不同的规则对脚的数量进行判断，先求出一种动物的数量，再算出另一种动物的数量。如果在生活中，用这 3 种方法解决这类数学问题是可行的，但在 Scratch 中，这几种方法并不是最好的解题方法，因为需要新建的变量比较多，容易出现错误。

最万能的方法——"方程法"是比较简单的方法。通过一元一次方程，根据已知条件列出等量关系，即可解决鸡兔同笼问题。在 Scratch 中也只需要新建两个变量，再通过循环结构就可以找出满足条件的数值。

 21.2 课程回顾

课程目标	掌握情况
1. 理解解决鸡兔同笼问题的多种方法	☆ ☆ ☆ ☆ ☆
2. 能够用 Scratch 进行编程来解决生活中的数学问题	☆ ☆ ☆ ☆ ☆
3. 理解优化代码的意义，能够用最简洁的方法解决复杂问题	☆ ☆ ☆ ☆ ☆

 21.3 练习巩固

1. 单选题

有若干只鸡和兔同在一个笼子里，从上面数有 35 个头，从下面数有 94 只脚。问笼中分别有几只鸡和几只兔? 在下图所示代码中，结束循环的判断条件为(   )。

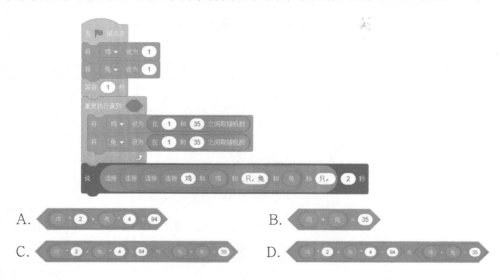

A.  鸡 · 2 · 兔 · 4 · 94

B. 鸡 + 兔 = 35

C. 鸡 · 2 · 兔 · 4 · 94 与 鸡 + 兔 = 35

D. 鸡 · 2 · 兔 · 4 · 94 或 鸡 + 兔 = 35

2. 判断题

（1）在 Scratch 中，新建的变量越多，程序占用系统的内存就会越大，运行速度就会越慢。（　　）

（2）通过编程解决数学问题的方法往往是唯一的。（　　）

3. 编程题

蜘蛛有 8 条腿，蜻蜓有 6 条腿和 2 对翅膀，蝉有 6 条腿和 1 对翅膀。现在这 3 种小虫共有 18 只，共有 118 条腿和 20 对翅膀。请问每种小虫各有几只？请在 Scratch 中通过编程求出每种小虫的只数。

 21.4 提高扩展

用"方程法"解决鸡兔同笼问题，除了图 21-5 所示代码外，你还能用其他的代码来实现吗？

第22课 一起来排队1
——冒泡排序

体育课上，老师组织学生按照身高排队。老师先让所有学生随意地站成一队，然后让第1名学生和第2名学生比身高，如果第1名学生比第2名学生高，则两人交换位置；反之，两人的位置不变。然后再让第2名学生和第3名学生比身高，如果第2名学生比第3名学生高，则两人交换位置；反之，两人位置不变。如果按照同样的方法多次比较，就能够让所有学生按身高由矮到高的顺序排队。

 22.1 课程学习

下面我们就来学习排序算法中的冒泡排序。这个算法名字的由来是因为最大（或最小）的元素经过交换后会慢慢地"浮"到数列的顶端，就如同碳酸饮料中二氧化碳的气泡最终会上浮到顶端一样，故名"冒泡排序"。

22.1.1 前期准备

在本范例作品中，保留默认的空白舞台背景，删除小猫角色，添加角色"Button2"，并在角色造型中输入文字"开始排序"，制作排序按钮。

22.1.2 冒泡排序原理

体育课上，老师组织学生排队其实就利用了冒泡排序的方法。开始时，队伍是一个无序的队列，从队列中的第1名学生开始，相邻的两名学生进行两两比较，

根据身高交换位置。第 1 轮比较后，将最高（或最矮）的学生交换到无序队列的最后，从而成为有序队列的一部分。继续这个过程，直到所有人都按照指定要求（从高到矮或者从矮到高）排好队。此算法的核心在于每次都是通过两两比较交换位置，并将无序队列中剩余的最高（或最矮）的学生排到队尾。

下面以 6 名学生的身高数据为例，按照从矮到高的顺序进行排列，了解冒泡排序的原理。当前面的数大于后面的数时就进行交换，否则位置不变。第 1 次排序需要比较 5 次，冒出队列中最高的 166cm，如表 22-1 所示。

表 22-1 6 名学生从矮到高第 1 次排序（单位：cm）

序号	1	2	3	4	5	6
原始队列身高数据	147	166	163	143	158	150
第 1 次比较后	147	166	163	143	158	150
第 2 次比较后	147	163	166	143	158	150
第 3 次比较后	147	163	143	166	158	150
第 4 次比较后	147	163	143	158	166	150
第 5 次比较后	147	163	143	158	150	166

第 2 次排序需要比较 4 次，冒出剩下队列中最高的 163cm，如表 22-2 所示。

表 22-2 6 名学生从矮到高第 2 次排序（单位：cm）

序号	1	2	3	4	5	6
第 1 次排序后数据	147	163	143	158	150	166
第 1 次比较后	147	163	143	158	150	166
第 2 次比较后	147	143	163	158	150	166
第 3 次比较后	147	143	158	163	150	166
第 4 次比较后	147	143	158	150	163	166

第 3 次排序需要比较 3 次，冒出剩下队列中最高的 158cm，如表 22-3 所示。

表 22-3 6 名学生从矮到高第 3 次排序（单位：cm）

序号	1	2	3	4	5	6
第 2 次排序后数据	147	143	158	150	163	166
第 1 次比较后	143	147	158	150	163	166
第 2 次比较后	143	147	158	150	163	166
第 3 次比较后	143	147	150	158	163	166

第 4 次排序需要比较 2 次，冒出剩下队列中最高的 158cm，如表 22-4 所示。

表22-4　6名学生从矮到高第4次排序（单位：cm）

序号	1	2	3	4	5	6
第3次排序后数据	143	147	150	158	163	166
第1次比较后	143	147	150	158	163	166
第2次比较后	143	147	150	158	163	166

第5次排序需要比较1次，冒出剩下队列中最高的147cm，最后一个数143不需要比较，如表22-5所示。

表22-5　6名学生从矮到高第5次排序（单位：cm）

序号	1	2	3	4	5	6
第4次排序后数据	143	147	150	158	163	166
第1次比较后	143	147	150	158	163	166

从以上图表中可以看出，要对6个数进行排序，需要排序5次，每次排序比较的次数都是递减的。因此可以推导出排序公式，如果要对n个数据进行冒泡排序，那么需要排序的次数是（$n-1$）次，每次排序需要比较的次数是（$n-$排序次数）。

22.1.3　算法实现

1. 产生排序数据

新建列表"身高数据"，用来保存学生的身高数据。列表"身高数据"可以通过多种方式进行赋值，比如导入含有身高数据的文本文件，或者直接在列表中添加，或者通过"在××和××之间取随机数"积木生成身高数据等。这里，我们利用"在××和××之间取随机数"积木产生指定范围的随机数据来模拟身高数据，该方法相比其他方法效率更高一些，代码如图22-1所示。

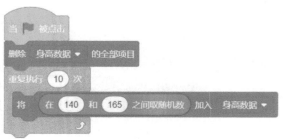

作品预览

图22-1　产生模拟身高数据的代码

2. 排序比较

根据冒泡排序的原理，建立双重循环，控制排序的次数。分别新建两个变量 m 和 n，变量 n 在外循环控制冒泡排序的总次数，外循环的循环次数等于需要排序的项数减 1；变量 m 在内循环控制每次冒泡需要比较的次数，内循环的循环次数等于需要排序的项数减去已排序数据对应的项数。排序比较的代码如图 22-2 所示。

图22-2 排序比较的代码

试一试 能不能通过单层循环实现排序比较？

3. 数据交换

我们已经学习过自制积木，因此可以定义一个自制积木用于交换数据。在 Scratch 中交换两个数据的值需要一个中间变量。新建一个名为"临时"的中间变量，自制一个名为"交换数据"的积木，并定义该积木。定义"交换数据"积木的代码如图 22-3 所示。

图22-3 定义"交换数据"积木的代码

试一试 不通过自制积木实现数据交换，而是把代码组合成一段完整的代码，这两种方式有什么区别？

4. 按钮动画效果设计

在操作界面中，当鼠标指针指向按钮时，按钮会有变化，如颜色或大小的变化，代码如图22-4所示。

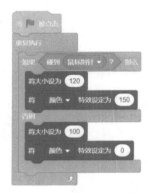

图22-4　实现按钮动画效果的代码

22.2 课程回顾

课程目标	掌握情况
1. 理解冒泡排序的算法原理	☆ ☆ ☆ ☆ ☆
2. 掌握列表中相邻两个数据的比较与交换	☆ ☆ ☆ ☆ ☆
3. 通过学习算法，提升逻辑思维能力	☆ ☆ ☆ ☆ ☆
4. 能够用冒泡排序算法解决生活中的问题	☆ ☆ ☆ ☆ ☆

22.3 练习巩固

1. 单选题

（1）假设有10人需要按照身高进行排队，如果用冒泡排序算法进行排序，一共需要进行（　　）次比较。

　　A. 100　　　　　　B. 50　　　　　　C. 45　　　　　　D. 55

（2）有一个数组，包含有 4、1、5、3、2、10、8、9 这些数据，采用冒泡排序算法按照从小到大的顺序对其进行排序，那么第 1 次排序后结果为（　　）。

A. 1、4、5、3、2、10、8、9　　　B. 1、4、3、5、2、9、8、10

C. 1、4、3、5、2、10、8、9　　　D. 1、4、3、2、5、8、9、10

2．判断题

对于一个长度为 n 的序列，采用冒泡排序算法进行排序，要进行 $n-1$ 次比较和交换操作。（　　）

3．编程题

设计一个模拟排队的程序，用户点击绿旗，舞台上会随机产生下图所示的 10 个高矮不一的人。

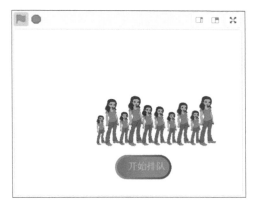

当点击"开始排队"按钮时，程序能够将舞台上的角色按照从矮到高的顺序进行排序，排序后的效果如下图所示。

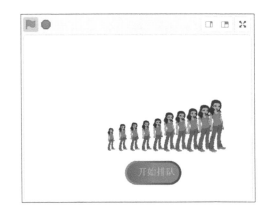

第 23 课 一起来排队 2
——选择排序

体育课上，老师正在组织 10 名学生按照身高进行排队。老师先在所有学生中找出最矮的学生排到第 1 个位置，然后在剩下的 9 名学生中找出最矮的学生排到第 2 个位置，接着在剩下的 8 名学生中找出最矮的学生排到第 3 个位置。依次进行下去，直到把 10 名学生按照身高由矮到高的顺序排队。

 23.1 课程学习

在前面的学习中，大家已经掌握了冒泡排序的原理。相信大家一定发现了在上述案例中使用的排序算法和冒泡排序不同，它用的是选择排序。今天我们就来学习简单的选择排序。选择排序，顾名思义，首先要选择，然后再排序。下面我们就一起来探究选择排序的奥秘！

23.1.1 选择排序原理

选择排序是一种简单的排序算法，排序方法和上述学生排队的例子一样。把一组待排序的数据分成两部分，一部分是已经完成排序的数据，另一部分是还未排序的数据。以 6 名学生的身高数据为例，我们先来了解一下选择排序的原理，初始数据如表 23-1 所示。

表 23-1 6 名学生身高的初始数据

身高（cm）	147	166	163	143	158	150
序号	1	2	3	4	5	6

第 1 轮，找出 6 个数中的最小值，即 143cm，如表 23-2 所示。

表 23-2　第 1 轮 找出 6 个数据中的最小值

身高（cm）	147	166	163	143	158	150
序号	1	2	3	4	5	6

然后将最小值 143cm 和排在第 1 位的 147cm 进行交换，这样最小值 143cm 就排到了第 1 位。这时，可以把数据分为两部分：已排序区和未排序区，如表 23-3 所示。

表 23-3　第 1 轮 把最小值交换到第 1 位

身高（cm）	143	166	163	147	158	150
序号	1	2	3	4	5	6

第 2 轮，在未排序的第 2~6 项中找出最小值 147cm，如表 23-4 所示。

表 23-4　第 2 轮 找出未排序区中的最小值

身高（cm）	143	166	163	147	158	150
序号	1	2	3	4	5	6

然后把最小值 147cm 和排在第 2 位的 166cm 进行交换，如表 23-5 所示。

表 23-5　第 2 轮 交换未排序区中的最小值

身高（cm）	143	147	163	166	158	150
序号	1	2	3	4	5	6

第 3 轮，继续在未排序区找出最小值 150cm，如表 23-6 所示。

表 23-6　第 3 轮 找出未排序区中的最小值

身高（cm）	143	147	163	166	158	150
序号	1	2	3	4	5	6

然后将最小值 150cm 和排在第 3 位的 163cm 进行交换，如表 23-7 所示。

表 23-7　第 3 轮 交换未排序区中的最小值

身高（cm）	143	147	150	166	158	163
序号	1	2	3	4	5	6

试一试　根据选择排序的方法，请在表 23-8 ~ 表 23-10 中填写相应的数字，将所有身高数据完成排序。

表 23-8　第 4 轮排序后的数据

身高（cm）	143	147	150			
序号	1	2	3	4	5	6

表 23-9　第 5 轮排序后的数据

身高（cm）	143	147	150			
序号	1	2	3	4	5	6

表 23-10　第 6 轮排序后的数据

身高（cm）	143	147	150			
序号	1	2	3	4	5	6

　　回顾一下选择排序的原理：把待排序数据分为"已排序"和"未排序"两部分。开始排序后，每次都从"未排序"的数据中取出一个最小值，然后将这个最小值与"已排序"数据的最后一个数进行交换，保证"已排序"部分的数据总是有序的。

　　一直循环下去，直到所有"未排序"部分的数据全部完成交换。

23.1.2　前期准备

　　（1）保留默认的空白舞台背景和小猫角色。

　　（2）生成随机身高数据。新建名为"身高数据"的列表，为了模拟学生的身高数据，利用"**在 × × 和 × × 之间取随机数**"积木生成 10 名学生的身高数据，数据范围在 140~170cm，并将其保存到列表"身高数据"中，代码如图 23-1 所示。

图23-1　随机生成10个身高数据的代码　　　　　　作品预览

　　生成的 10 个身高数据保存在列表"身高数据"中，如图 23-2 所示。

图23-2 存储随机生成的身高数据的列表

23.1.3 找出最小值

根据选择排序的原理，每次循环需要找出一个最小值，如果要在列表中找出最小值则需要遍历该列表。根据所学知识，我们知道需要两个循环才能实现。

外循环负责遍历列表，内循环负责找出未排序列表项中的最小值。两个循环相互配合完成数据的交换，从而实现排序。分别新建变量"位置1"和"位置2"。变量"位置1"控制外循环列表项的编号，变量"位置2"控制内循环列表项的编号。

想一想 变量"位置2"的初始值和变量"位置1"的值存在什么关系？

利用内外循环找出未排序部分的最小值的编号，也就是当列表项的值为最小值时，其值所对应的列表项的编号，代码如图 23-3 所示。

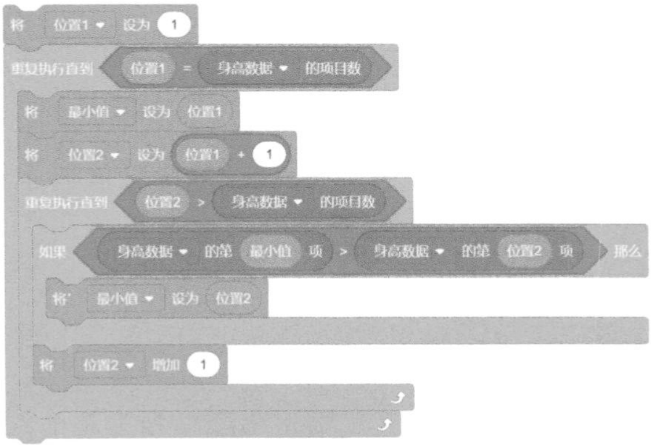

图23-3 找出未排序部分的最小值编号的代码

23.1.4 数的交换

当找出未排序部分的最小值时，利用变量"最小值"保存的列表项的编号在列表中对应的值，与列表中第"位置1"的值所对应的列表项进行数值交换。新建变量"临时"用于辅助交换。

借助前面的数据加以理解，找出最小值时需要记住此时该数据对应的位置，然后进行交换。如表23-11所示。

表23-11　交换数值与位置的对应关系

交换前	身高（cm）	147	166	163	143	158	150
	序号	1	2	3	4	5	6
交换后	身高（cm）	143	166	163	147	158	150
	序号	1	2	3	4	5	6

根据上述思路，实现该功能的代码如图23-4所示。

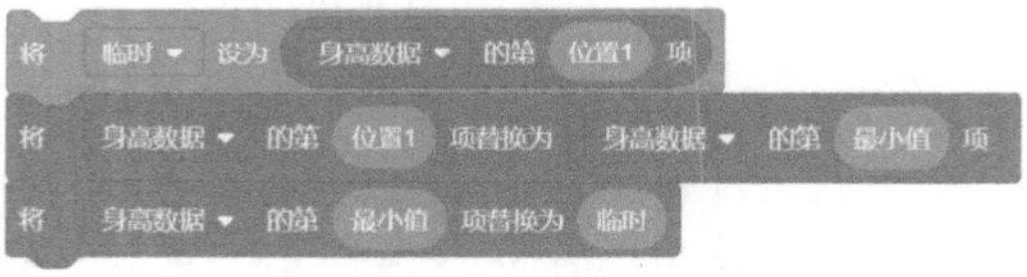

将　临时 ▼　设为　身高数据 ▼　的第　位置1　项
将　身高数据 ▼　的第　位置1　项替换为　身高数据 ▼　的第　最小值　项
将　身高数据 ▼　的第　最小值　项替换为　临时

图23-4　互换列表"身高数据"中数值的代码

首先把当前列表项的值保存到变量"临时"中，然后将未排序部分的最小值保存到列表"身高数据"中的当前位置，接着再把变量"临时"的值赋给最小值原来对应的位置。

23.1.5 实现排序完整功能

通过前面的学习，我们已经逐步掌握了选择排序的基本用法，将代码进行组合，可以得到图23-5所示的代码。

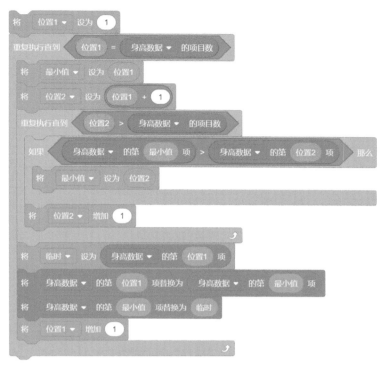

图23-5 交换、排序列表"身高数据"中数值的代码

大家还需要将产生随机数据以及初始化的代码与图 23-5 所示的代码进行组合，快去试试吧！

 23.2 课程回顾

课程目标	掌握情况
1. 了解选择排序的原理	☆ ☆ ☆ ☆ ☆
2. 能够熟练使用列表的相关功能	☆ ☆ ☆ ☆ ☆
3. 能够借助列表实现数据的交换	☆ ☆ ☆ ☆ ☆
4. 能够利用选择排序算法解决生活中的问题	☆ ☆ ☆ ☆ ☆

23.3 练习巩固

1. 单选题

（1）运用选择排序算法对"5、2、13、4、6"按照从小到大的顺序进行排序，一共需要交换的次数是（　　）。

  A. 5次   B. 4次   C. 3次   B. 6次

（2）运用选择排序算法对"13、8、4、10、9、6"按照从小到大的顺序进行排列，第4次排序后，数字的顺序是（　　）。

  A. 4、8、13、10、9、6   B. 4、6、13、10、9、8

  C. 4、6、8、10、9、13   D. 4、6、8、9、10、13

2. 判断题

利用选择排序算法将一组数据从小到大进行排序，每次在未排序数据中选出最小值，将其放在已排序数据的最前面，直到完成全部数据的排序为止。（　　）

 23.4 提高扩展

在本范例作品中，我们利用选择排序算法对身高数据按照从小到大的顺序进行了排序，请你编程实现将身高数据按照从大到小的顺序进行排序。动手试一试吧！

第24课　扑克牌排顺序 ——插入排序

　　小明和小丽在用扑克牌玩游戏，桌上放了5张扑克牌，从左往右依次是9、K、4、2、7，K对应的数字是13，那么这5张牌对应的数字分别为9、13、4、2、7，如图24-1所示。

　　他们要把这5张牌按照从小到大的顺序进行排列。小丽从左边的扑克牌开始比较，前两张是9和13（K），这两张牌是按照从小到大的顺序排列的。下一张是4，于是小丽把4放到了13（K）的前面，然后再将其和第一张牌进行比较，4小于9，于是小丽把4放到了9的前面。这时5张牌的顺序就变成了4、9、13（K）、2、7……

图24-1　随机摆放的5张牌

 24.1 课程学习

　　其实他们在玩扑克牌游戏时运用了一种新的算法：插入排序。插入排序也是一种简单的排序算法，它的基本思想是把待排序的数据划分为已排序和未排序两部分，然后再从未排序数据中按照顺序逐个取出数字，把取出的数字和已排序数据逐个进行比较，然后将其放到相应位置。如按照从小到大的顺序排列，就把取出的数字排在比它大的数字的左边。

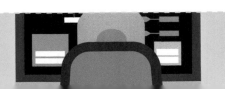

24.1.1 算法思想

插入排序和选择排序有相似的地方，即把待排序的数据也分为已排序和未排序两部分。具体来说就是先将数据中的第1个数字划分到已排序部分，把第2个数字到最后一个数字划分到未排序部分。

然后逐个比较未排序的数据和已排序的数据，并将其插入合适位置。比较是从已排序数据的尾部向前端进行的。先把第2个数据与它前面的数据（第1个）进行比较，如果第2个数据比它前面的数据小，则交换这两个数据的位置。否则，就不交换，并且认为第2个数据已经处在了正确的位置，并把它划入已排序数据中。这时已排序部分就有2个数据。接着再把第3个数据与它前面的两个数据进行比较和交换。不断重复这个过程，直到未排序数据全部放入已排序部分。最终实现数据由小到大顺序排列。

24.1.2 实现过程原理

我们以这5张扑克牌对应的数字"9、13、4、2、7"为例，来了解插入排序的原理，根据插入排序的基本思想，结合表24-1~表24-6具体了解插入排序的工作过程。

首先将该组数中的第1个数字9划入已排序部分，其他数字划入未排序部分。将第2个数字13与已排序部分的数字9进行比较，9小于13，所以不用交换。第1轮排序结束，已排序部分中的数字13已经处于正确的位置。第1轮排序如表24-1所示。

表 24-1　第 1 轮排序

序号	1	2	3	4	5
初始数据	9	13	4	2	7
第 1 次比较后	9	13	4	2	7

第2轮排序如表24-2所示。将数字4与已排序部分的数字依次进行比较。4小于13，两者交换；继续向前比较，4小于9，两者交换。此时数字4已经到达已排序部分的最前端，第2轮排序结束，已排序部分的3个数字都已经处于正确的位置。

表 24-2　第 2 轮排序

序号	1	2	3	4	5
初始数据	9	13	4	2	7
第 1 次比较后	9	4	13	2	7
第 2 次比较后	4	9	13	2	7

第 3 轮排序如表 24-3 所示。将未排序部分中的数字 2 与已排序部分的数字依次进行比较。2 小于 13，两者交换；继续向前比较，2 小于 9，两者交换；继续向前比较，2 小于 4，两者交换。这时数字 2 已经到达已排序部分的最前端，第 3 轮排序结束，已排序部分的 4 个数都已经处于正确的位置。

表 24-3　第 3 轮排序

序号	1	2	3	4	5
初始数据	4	9	13	2	7
第 1 次比较后	4	9	2	13	7
第 2 次比较后	4	2	9	13	7
第 3 次比较后	2	4	9	13	7

第 4 轮排序：此时未排序部分仅剩下数字 7，也需要将它依次与已排序部分的数字进行比较。请根据插入排序的原理将表 24-4 填写完整。

表 24-4　第 4 轮排序

序号	1	2	3	4	5
初始数据	2	4	9	13	7
第 1 次比较后					
第 2 次比较后					

通过 4 轮排序，原始数据"9、13、4、2、7"实现了按照由小到大的顺序进行排列，最终结果如表 24-5 所示。

表 24-5　最终排序

序号	1	2	3	4	5
最终排序	2	4	7	9	13

试一试　了解插入排序的原理后，请大家利用几张扑克牌，将它们打乱，然后按照插入排序的方法对它们进行排序。

24.1.3 算法实现

掌握了插入排序的原理后，我们要编程实现插入排序的功能。保 **作品预览**
留默认的空白舞台背景和小猫角色。

1. 生成随机数及程序整体结构

利用循环结构生成 10 个 1~20 的随机数并将其保存到列表"数字"中，新
建名为"插入排序"的自制积木。在主程序中调用自制积木"插入排序"，2 秒
后将列表"数字"中的数据进行。生成随机数及程序整体结构的代码如图 24-2
所示。

图24-2　生成随机数及程序整体结构的代码

下面我们就来搭建自制积木"插入排序"的内部代码。

2. 实现排序

结合插入排序的原理，如果要实现插入排序则需要进行交换，也需要记住某
些数在列表中的位置。

新建变量"位置1"和"位置2"分别用来记录列表项的编号。外循环主要
用来控制排序次数和每一轮排序时已排序部分的结束位置。在外循环中，变量"位
置1"用来遍历未排序部分的列表项，直到变量"位置1"的值大于列表"数字"
的项目数。内循环主要比较未排序部分的数据与已排序部分的数据，并将数据插
入合适位置。在内循环中，变量"位置2"用来遍历已排序部分的列表项。

每进行 1 轮排序，如果未排序部分的数字不小于已排序部分的列表项或已到达已排序部分的最前端，则本轮排序结束。定义自制积木"插入排序"的代码如图 24-3 所示。

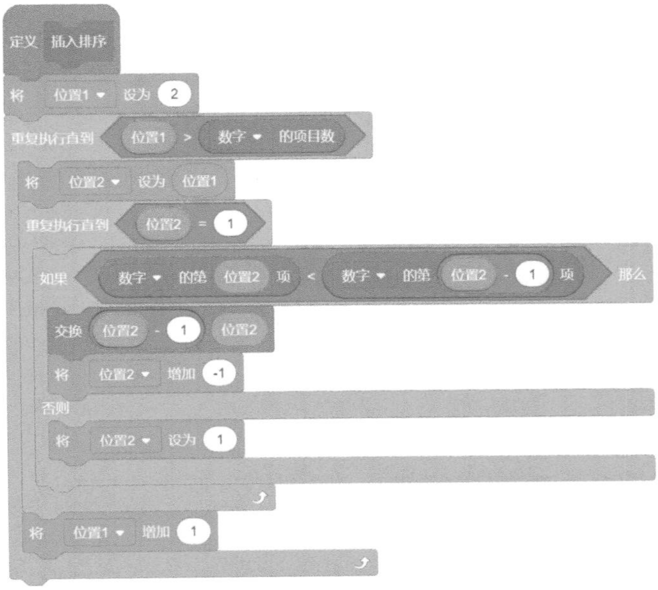

图24-3　定义自制积木"插入排序"的代码

下面我们就来补充自制积木"插入排序"的代码。

3．数字交换

交换两个数的实现比较简单。定义自制积木"交换"的代码如图 24-4 所示。

图24-4　定义自制积木"交换"的代码

 24.2 课程回顾

课程目标	掌握情况
1. 了解插入排序的基本原理	☆ ☆ ☆ ☆ ☆
2. 能够熟练使用列表的相关功能	☆ ☆ ☆ ☆ ☆
3. 能够借助列表实现数据的交换	☆ ☆ ☆ ☆ ☆

 24.3 练习巩固

1. 单选题

运用插入排序算法对"5、2、13、4、6"按照从小到大的顺序进行排序，一共需要交换的次数是（　　）。

A. 5次　　　　　　B. 4次　　　　　　C. 3次　　　　　　D. 6次

2. 判断题

（1）利用插入排序算法将一组数据从小到大进行排序，在未排序数据中选出最小值，将其放在已排序数据的最前端，直到完成全部数据的排序为止。（　　）

（2）利用插入排序算法将一组数据进行排序时，在循环中应该利用变量。（　　）

 24.4 提高扩展

在本范例作品中，我们利用插入排序算法对10个随机数字按照从小到大的顺序进行排序，请你编程实现将10个随机数字按照从大到小的顺序进行排序。动手试一试吧！